Frank Senske

Die »Entstehung« des Bewusstseins

Reihe »*Bewusst wie!*«

Band I: Die »Entstehung« des Bewusstseins. Nach Kant und Darwin
Band II: Geistesgegenwart. Wie introspektive Experimente das Bewusstwerden enthüllen
Bände III und IV in Vorbereitung
(nähere Infos: bewusst-wie.eu)

Frank Senske

Die »Entstehung« des Bewusstseins

Nach Kant und Darwin

Band I der Reihe *»Bewusst wie!«*

HINWEIS:

Weitere Informationen des Autors zu den Themen dieses Buches finden Sie online unter:
bewusst-wie.eu

Mit 8 Abbildungen
(Emojis werden bereitgestellt von openmoji.org unter der Lizenz CC BY-SA 4.0)

Umschlaggestaltung: Matthias Emde
Umschlagmotiv: Gemälde »An den Vögeln haftet der Himmel« von Horst Hermenau
Illustrationen: Matthias Emde
Lektorat, Layout und Beratung: Markus Pohlmann, IQ Verlagsbüro, Heidelberg
Satz und Layout: Verlagsservice Hegele, Heiligkreuzsteinach
Druck und Distribution im Auftrag des Autors durch:
tredition GmbH, Heinz-Beusen-Stieg 5, 22926 Ahrensburg, Germany

Erste Auflage 2024
ISBN 978-3-384-16728-6
© 2024 Frank Senske
Alle Rechte vorbehalten

Inhalt

Einleitung 7

Teil I: Das Modell einer Bewusstwerdung 11

Teil II: Rückwärts durchs Modell 23

Teil III: Die »Entstehung« des Bewusstseins
         auf der Rekonstruktion 27

1   Eine isomorphe und koinzidente neurophysiologische
    Rekonstruktion orientiert den Organismus in seinem
    Lebensraum 28

2   Elektrische und magnetische Felder 38

3   Die Felder der Aktionspotenziale 41

4   Die Aktualisierungsfrequenz der Rekonstruktion 46

5   Die elektromagnetische Oberfläche der hochfrequent
    aktualisierten Rekonstruktion *an sich* 52

6   Acht Gründe, warum dieses Modell
    der »Bewusstseinsentstehung« wahr sein kann 58
    6.1 Erster Grund 58
    6.2 Zweiter Grund 58
    6.3 Dritter Grund 59
    6.4 Vierter Grund 59
    6.5 Fünfter Grund 60
    6.6 Sechster Grund 64
    6.7 Siebter Grund 64
    6.8 Achter Grund 65

7   Wie ließe sich das Modell experimentell bestätigen? 68

8 Die Fünf Dimensionen des Bewusstseins 71

9 Folgerungen aus dem Modell 74

   9.1 Die Illusion des Geist-Körper-Dualismus:
       Ihre Nebenwirkungen und Überwindung 74

   9.2 Künstliche Intelligenz. 78

   9.3 Weltgeist und Gesamtbewusstsein 78

   9.4 »Was dürfen wir hoffen?« (Immanuel Kant) 80

**Teil IV: Einordnung von Bewusstsein in die Evolution
des Lebens mit den Drei Rekonstruktionen** 81

10 Beispiele für Fantasie-Rekonstruktionen 88

**11 Empathie als Rekonstruktion von Emotionen
eines anderen Lebewesens** 95

Einleitung

»Die Wissenschaft kann das letzte Geheimnis der Natur nicht lösen.
Und das liegt daran, dass wir selbst letztlich Teil des Geheimnisses sind,
das wir zu lösen versuchen.«

Max Planck

Wissenschaftliche Theorien und Modelle sind zweckoptimierte Fiktionen. Ihr Zweck besteht darin, einen Bereich der allezeit unendlich komplexen Realität mit einem vereinfachenden und daher fiktiven Modell in *einem* schlüssigen Zusammenhang zu erklären und daraus *Vorhersagen* abzuleiten, die wahrnehmbar oder experimentell überprüfbar sind. Das hier vorgestellte Modell der »Entstehung« von Bewusstsein hat den Zweck, die Entstehung des individuellen, bewussten Gesichtsfeldes zu erklären unter Zusammenführung von Erkenntnissen aus Neurophysiologie, Evolution und Introspektion.

Bei dieser Erklärung wird weder der uralte Geist-Materie-Dualismus aufgelöst noch eine »Ursache« von Bewusstsein identifiziert. Vielmehr zeigt eine hier dargelegte und in der Kulturgeschichte der Menschheit bislang nie zuvor eingenommene Sichtweise auf Menschenbewusstsein-in-der-Welt einen neuen Weg zur Selbst-Erkenntnis auf. Dieser nötigt ein Idealismus-Materialismus-Dilemma nicht, in Erscheinung zu treten, und bemüht auch keine Kausalität. Die Methode: ein gründliches und umfassendes In-Beziehung-Setzen dreier bekannter Betrachtungsweisen des Menschen-in-der-Welt:

- Bewusstseine sind schon in Tierindividuen in der *Evolution des Lebens* »entstanden« – vielleicht erstmals vor 200 Mio. Jahren. Das folgt aus der Entdeckung der Evolution durch Charles Darwin.
- Bewusstseine »entstehen« außerdem *in der allerersten Lebensphase* in den Zentralnervensystemen (ZNS) vieler Tier- und Menschenindividuen – sicher schon vor der Geburt, sicher nicht vor der Zeugung.
- Und *jetzt, in diesem Augenblick,* sind Sie bei Bewusstsein: Diese Zeilen »werden« Ihnen »bewusst«. – Das zu bemerken, erlaubt Ihnen Intro-

spektion: dass Sie sich *jetzt* daran erinnern können, was Sie *gerade* wahrgenommen (gelesen oder fantasiert, geredet oder gefühlt) haben, und sich dieser Erinnerung *zugleich* mit aktuellen sinnlichen Wahrnehmungen bewusst sein können – die Fähigkeit, zweierlei zugleich »auf dem Schirm zu haben«.

Da die Formulierung »Entstehung des Bewusstseins« im Singular allein schon aus Sicht der *drei* Betrachtungsweisen in die Irre führt (als existiere überhaupt nur *ein* Bewusstsein, und das sei nur *einmal* entstanden), bevorzuge ich die (zunächst ungewohnte) Pluralform Bewusstsein**e**.

Der Begriff »Entstehung« inkludiert in unserer Alltagsdenke Kausalität – man assoziiert unwillkürlich »Erzeugung von« oder »Ursache für« Bewusstsein oder die Frage »Welcher Gehirnbereich erzeugt Bewusstsein?« Weil solche Denkmuster aber, wie sich noch zeigen wird, ein *angemessenes* Verständnis für die »Entstehung« von Bewusstsein *verhindern*, setze ich das Wort »Entstehung« in Anführung, bis hier ein treffenderer Begriff erarbeitet ist.

Zur Vorgehensweise: In ▶ **Teil I** verschaffen wir uns einen Überblick über das hier vorgestellte Modell einer Bewusstwerdung, kurz: »das Modell« genannt, darüber, um was es bei einem Organismus, der lebt und überlebt und sich fortpflanzt, beim Bewusstwerden-von-etwas überhaupt geht; dies und alles Weitere erfolgt am Beispiel des Gesichtsfeldes.

▶ Teil II geht das Modell einmal rückwärts durch: vom Bewusstseinsinhalt aus, der bewusst ist – also von Introspektion, konkret: vom Gesichtsfeld aus –, zurück zu dem, was vorliegt: was *vor* den Augen liegt bzw. auf der Netzhaut abgebildet wird.

In ▶ **Teil III** wird die Art und Weise der »Entstehung« der Bewusstseine zunächst in *einem Satz* definiert (der keine »Ursache für Bewusstsein« enthüllt). Die darin anklingenden verschiedenen Begriffe und Themen erläutere ich anschließend Schritt für Schritt, verknüpfe sie miteinander und füge sie in die in ▶ Teil I aufgespannten Zusammenhänge ein, sodass dieser Satz verständlich und plausibel wird. – Kurz gefasst, liefert in ▶ Teil III der Denker Immanuel Kant Hand in Hand mit dem Naturforscher Charles Darwin das *Missing Link zwischen – in traditioneller Formulierung – Geist* *und Materie.* In aller Kürze konkret: »Das Ding an sich ist nicht erkennbar« (KANT) – mit genau einer Ausnahme, der des angesprochenen fehlenden Bindeglieds: Die neurophysiologische Rekonstruktion des Lebensraumes, die sich im Laufe der Evolution in den verschiedensten Erscheinungsformen entwickelt hat (DARWIN), ist das *einzige* Ding-an-sich, das ich »erkennen kann«, genauer gesagt: Es ist (unter bestimmten Bedingungen) *selbst bewusst* (SENSKE).

Die Argumentation kreist um den Begriff »Rekonstruktion«. Daher wird die neurophysiologische Rekonstruktion der Außenwelt, welche die »Grundlage« von Bewusstsein ist, in ▶ **Teil IV** in den großen Gesamtzusammenhang der »Evolution in Drei Rekonstruktionen« gestellt. – Dahingegen findet eine Einordnung in die Geistesgeschichte (philosophische Erkenntnistheorie) ebenso wenig statt wie eine Verankerung in der aktuellen, einschlägigen Literatur zum Thema »Bewusstsein« bzw. in die Neurowissenschaften. – Provokant formuliert:

> ◾ Ich verankere das Modell nicht in der Geistesgeschichte der letzten 3000 Jahre, sondern in der Evolution der letzten 4 Mrd. Jahre.

Dieser Weg ist *ganz* neu. Er liefert nicht zuletzt eine belastbare Antwort auf die Frage, ob künstliche Intelligenz (KI) bewusst werden kann. (Nein, kann sie nicht!)

Eine vertiefte Darstellung mit vielen Beispielen und verbreiterter Argumentation finden Sie in meinem Buch *Kommen Wahrheiten zur Welt. Evolution · Zufall · Bedeutung · Ohnmacht des Bewusstseins* (Senske 2023), auf das ich deshalb im weiteren Text wiederholt erneut verweise.

Teil I:
Das Modell einer Bewusstwerdung

⊚ Abb. 1 veranschaulicht das Modell der Bewusstwerdung in einer Übersicht. Von links nach rechts gelesen: »Drei Punkte, die elektromagnetische Wellen emittieren (lauter Dinge an sich), werden in eine neurophysiologische Rekonstruktion in Gestalt eines isomorphen Aktionspotenzialmusters übersetzt … und schließlich als ›drei rot leuchtende Punkte‹ bewusst.«

Ein Verständnis dieser Übersicht erfordert, Erkenntnisse aus der Neurophysiologie (der Reizaufnahme und -umwandlung in Nervensignale sowie deren Weiterleitung und Verarbeitung) mit Erkenntnissen aus der Evolution (Zweck der Reizaufnahme und Signalverarbeitung für das Überleben, speziell: für die Orientierung und zur Handlungskoordination) mit introspektiven Erkenntnissen (etwa des Ihnen bewusst werdenden Gesichtsfeldes) *gemeinsam* in *einen* Blick zu nehmen bzw. in wechselseitige Bezüge zu setzen.

Dabei werden insbesondere neurophysiologische Tatsachen interpoliert, die bislang experimentell *nicht* nachgewiesen sind und möglicherweise auch niemals nachgewiesen werden können: Letzteres ist dann allerdings neurobiologisch und erkenntnistheoretisch begründbar und wird hier auch begründet werden (in ▸ Teil III).

> ▪ Letztlich geht es *nur* darum, *prinzipiell* zu verstehen, wie, *auf welchem Wege* ich in meinem bewussten Gesichtsfeld das (genauer: ein ganz klein wenig von dem) sehe, was vor mir liegt.

Mit dem Beispiel »drei Punkte in einer Reihe« *liegt* eine sehr einfache Struktur *vor:* drei linear angeordnete, die gleiche Wellenlänge emittierende Punkte – sie erscheinen uns im Bewusstsein (und nur dort) rot. Darum herum dürfen Sie sich schwarze Dunkelheit denken: nichts.

Die *Methode der Argumentation* geht von gymnasialem Schulwissen aus und folgt dem Prinzip, dass keine Widersprüche zu sonstigen wissen-

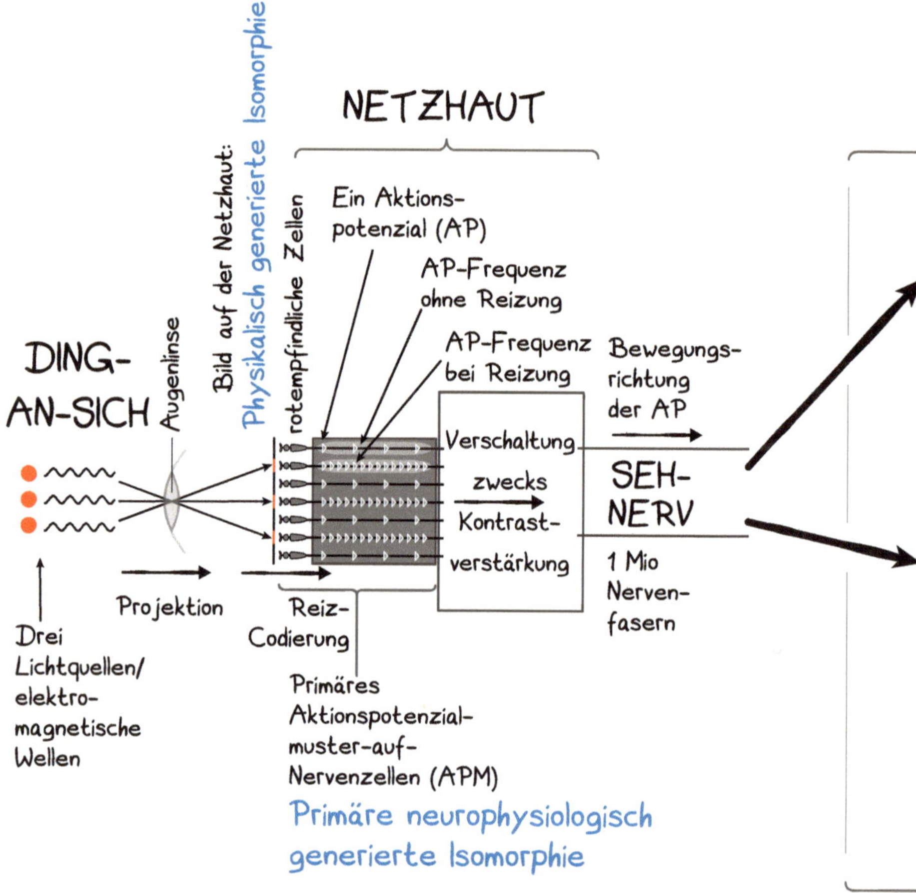

Abb. 1: Modell für die »Entstehung« von Bewusstsein – Übersicht

schaftlichen Erkenntnissen auftreten, ebenso wenig wie innere Widersprüche. Sie fühlt sich allgemeiner Plausibilität verpflichtet, aber keinem Anschluss an das Potpourri dessen, was andere Autoren in diesem Zusammenhang schon alles gedacht haben.

Wie alle Theorien und Modellvorstellungen ist auch diese, also »das Modell«, nichts mehr als eine zweckoptimierte Fiktion: Ihr Zweck ist ein *überschlägiges, möglichst einfaches und wesentliches Verständnis* des Prozesses

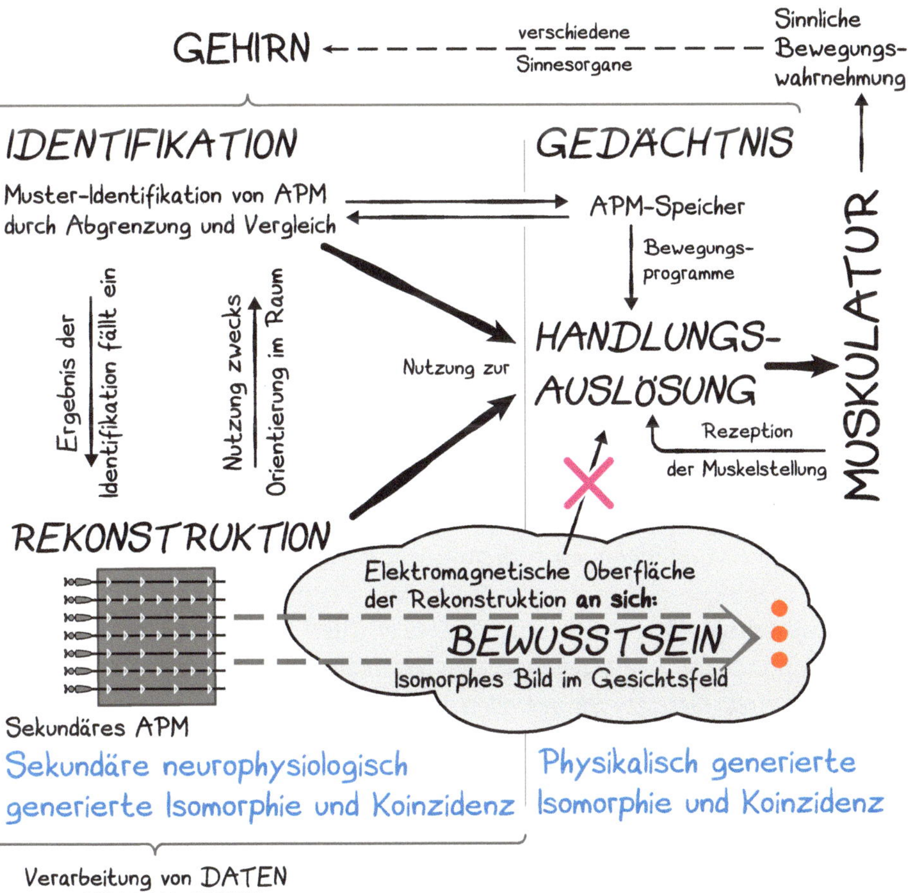

der Bewusstwerdung von visuellen Wahrnehmungen. – Dieser *Prozess selbst, die* Bewusst*werdung*, kann keinem Menschen *unmittelbar* bewusst *werden*. (So weit geht das Selbst-Bewusstsein eben *nicht*.) Man kann den Vorgang auch nicht sinnlich wahrnehmen (mit welchem Sinnesorgan?), während irgendetwas bewusst wird, und auch nicht in Experimenten messen: Denn »Bewusstsein« lässt sich mit keinem Messgerät ausmessen. Daher hilft nur ein Modell: eine ihren Zweck erfüllende Fantasievorstellung.

Wir gehen nun in diesem ► Teil I Schritt für Schritt von links nach rechts durch einen Ausschnitt der ⦿ Abb. 1. (In ► Teil II gehen wir wieder rückwärts.)

Projektion. Von drei Punkten werden elektromagnetische Wellen einer Wellenlänge (z. B. 650 nm) emittiert, die wir Menschen als rot wahrnehmen.[1] Die Augenlinse bricht diese Wellen.

> ■ Dadurch wird – rein physikalisch – *ein isomorphes, gleichgestaltiges Bild* der drei Punkte auf die Netzhaut projiziert.

Dieses Bild ist stark verkleinert und steht auf dem Kopf – das wird hier der Einfachheit halber nicht weiter berücksichtigt. Auch die Bilderzeugung gemäß den Prinzipien der Strahlenoptik ist nur angedeutet. Die drei Licht emittierenden Punkte (»das Stäbchen«) sind ein Ding-an-sich, das unabhängig von wahrnehmungsfähigen Beobachtern existiert und funktioniert. Das Vorliegen des Stäbchens könnten andere Beobachter auch aus anderen Perspektiven bestätigen, auch dann noch, wenn man kurz die Augen schließt.

Reizcodierung. Das projizierte Bild reizt (der Einfachheit halber) drei rotempfindliche Sinneszellen in der Netzhaut, die nicht unmittelbar benachbart sind. Gereizte Sinneszellen bringen letztlich Nervenimpulse, sogenannte Aktionspotenziale (AP), auf den Weg. Genauer gesagt: Je intensiver das Licht (je größer die Amplitude der emittierten Welle), desto schneller ist die Abfolge oder desto höher ist die Frequenz der induzierten AP. Nicht gereizte Sinneszellen übermitteln konstant eine sehr niedrige Frequenz von AP an das Gehirn, die »Ruhefrequenz«. (Auch die Info »Nichts los!« ist für ein Gehirn orientierungswichtig.) *Unmittelbar* hinter den Sehsinneszellen ergibt sich das grafisch dargestellte **Muster von Aktionspotenzialen-auf-Nervennetzen** (kurz: **AP-Muster** oder **APM**). Was ein Aktionspotenzial genau ist, spielt hier zunächst keine Rolle. Entscheidend ist das *Muster,* denn es zeigt in *codierter Gestalt,* »in der Sprache der APM«, die lineare oder Stäbchenstruktur der drei (noch nicht als solche

---

1 Wenn man anstelle des Wellenmodells das Photonenmodell des Lichts zugrunde legt, müssen andere Fachbegriffe benutzt werden.

bewussten!) »roten Punkte«. *Allein* dieses räumliche, reale, messbare, laufende Muster »transportiert das – übersetzte! – Stäbchen ins Gehirn«.

> ◼ Nichts anderes als APM gelangen von der Netzhaut ins Gehirn.

Nur das APM – dargestellt im linken grauen Kasten – kann mittels seiner eigenen *gleichartigen Gestalt,* mittels der **Isomorphie seines Musters** die Information »drei rote Punkte in einer Linie« ins Gehirn transportieren (und dort *als solches* zu Bewusstsein kommen).

> ◼ Das *primäre APM* ist eigenräumlich isomorph, d. h. gestaltgleich zum Netzhautbild: die primäre, neurophysiologisch generierte Isomorphie.

Sie können diese in ◉ Abb. 1 grau hinterlegte Drei-Punkt-Gestalt identifizieren bzw. – umgangssprachlich gesagt – in der Abbildung sehen. Allerdings sehen Sie im APM der Grafik eben nicht »drei Punkte in einer Linie«, sondern deren neurophysiologische Übersetzung. Um diese zu verstehen, ist erstens zu berücksichtigen, dass das ganze Muster, das APM, sich mit hoher Geschwindigkeit, maximal etwa 100 Metern pro Sekunde, nach rechts bewegt. Und zweitens wird das an sich eindimensional-lineare Muster der »drei Punkte« offenbar zu einem Muster umgewandelt, das eine (zweidimensionale) *Fläche* einnimmt (grafisch grau hinterlegt). Außerdem wird drittens deutlich:

Eine Farbqualität Rot, wie sie bewusst wird, wird offensichtlich *nicht* in Richtung Gehirn transportiert. Da fließt offensichtlich weder rote Farbe ins Gehirn noch elektromagnetische 650-nm-Wellen, noch transportieren AP »Rot« ins Gehirn. Sondern allein AP (von rotempfindlichen Sinneszellen [Woher weiß das Gehirn von der Quelle der »rotempfindlichen Sinneszellen«? Siehe nächste Anmerkung.]) und – offensichtlich – die isomorphe – Drei-Punkte-Gestalt.

> **Anmerkung:**
>
> Farben kann das Gehirn nur aus dem Typ der Sinneszelle rekonstruieren, die gereizt wurde: Im Beispiel wurde eben keine blauempfindliche Zelle gereizt.

Dabei stellt sich allerdings die Frage: Woher weiß ein Gehirn, wie sich ein APM »rotsensibler Herkunft« von einem APM »blausensibler Herkunft« unterscheidet. Außer dadurch, dass sie auf verschiedenen Nervenfasern ankommen. Aber das ist ein anderes Thema.

> ■ Diese *Codierung*, also die Übersetzung eines physikalischen Reizes in ein Aktionspotenzialmuster, ist der neurobiologische Grund dafür, dass wir »das Ding an sich nicht erkennen können« (in Anlehnung an eine Formulierung des Philosophen Immanuel Kant). Weder die Wellenlänge 650 nm, noch die »roten Punkte«, noch die AP, die von der Sinneszelle losgeschickt werden.

Denn das AP-Muster hat *offensichtlich* rein gar nichts mit dem Farbton Rot zu tun (wie er bewusst wird) – aber sehr viel mit der real vorliegenden Gestalt: Die ist – »in die Fläche ausgezogen« – *gleich*-gestaltig.

Ausblick:

Die Farbtöne *entstehen* (!) erst bei der *Bewusstwerdung des APM*. Die bewussten Farbqualitäten sind *vom Gehirn frei erfunden*. Anders gesagt: Elektromagnetische Wellen sind *an sich* nicht farbig! Ebenso wenig wie APM. (Wie gesagt: Das Ding-an-sich ist nicht erkennbar. – Die freie Erfindung der Farbqualität zeigt sich auch bei Synästhetikern.)

> ■ Erkennbar ist von den Dingen-an-sich in dieser ersten Näherung nur die Gestalt, die Form, die Raumverhältnisse, denn die werden qua gestaltgleichem APM ins Gehirn transportiert. – (Wie sonst?)

Allein die Gestalt, die Form ist objektiv, nicht die Farbe. Denn die Gestalt sehen auch andere Menschen und Tiere an der gleichen Stelle und in der gleichen Struktur im Raum, selbst Farbenblinde.

Kontrastverstärkung. Die von den Sinneszellen ableitenden Nervenzellen sind so miteinander verschaltet, dass sie den Kontrast schärfen. Beim »roten Stäbchen« ist das wegen seiner Einfachheit im Gegensatz zu vielen Dingen und Prozessen in Alltag nicht nötig. Die Identifikation einer Maus gelingt der Katze auch in der Dämmerung, die alles grau in grau verschwimmen lässt, und bei der hastigen Fluchtbewegung des Opfers, welche ebenfalls ihre

Gestalt »verwischt«. (Auch die Herkunft von Geräuschen und Gerüchen muss räumlich so scharf wie möglich bestimmt werden, um beim Jagen erfolgreich zu sein.) – Wie dem auch sei: Das *primäre APM* trägt die Gestalt des Stäbchens codiert als Grenzen zwischen hoher und niedriger AP-Frequenz (in ⊙ Abb. 1: oben und unten am grauen Kasten; diese Grenze kann vom ZNS als Grenze zwischen hoch- und niedrigfrequent identifiziert werden). Dazu käme bei einer realen Wahrnehmung noch jeweils die Grenze zu den ruhefrequenten AP vorne (in der Grafik: über der Buchebene) und hinten (unter der gedruckten Seite). (Und das primäre APM der Maus enthält durch diese identifizierbaren Grenzen das »Mausschema«, das für die Katze identifizierbare, weil isomorphe, Schema der typischen Mausgestalt. Dieses Schema wird von der Kontrastverstärkung noch herausgearbeitet.)

Wenn wir bei Tag in die Welt schauen (Gesichtsfeld), sehen wir sehr, sehr viele Grenzen, Grenzlinien und begrenzte Flächen, die alle möglichen Gegenstände und Phänomene voneinander abgrenzen.

> ■ Ohne diese Grenzen, ohne ihre Gestalt/Form sind Gegenstände und ihre Bewegungen und Veränderungen nicht identifizierbar. Damit die neurophysiologische Rekonstruktion orientierungstauglich ist, muss sie identifizierbare Einzelheiten und identifizierbare Grenzen zwischen den Einzelheiten zeigen: Sie muss alles in allem isomorph sein.

Illustration zur Isomorphie. Dass für Isomorphie und Identifikation die »Randlinien«, die *Grenzlinien der Dinge,* hinreichend sind, zeigt jede Bleistiftskizze, die nur aus einzelnen Strichen, nur aus Grenzlinien besteht (⊙ Abb. 2). Trotz dieser Reduzierung kann sich jeder vollständig in den vorliegenden Raumverhältnissen orientieren.

Wie könnten Gestalten und Schemen eins zu eins – orientierungstauglich! – von Gehirnen identifiziert werden, wenn nicht über isomorphe APM?

> ■ »Primäre Isomorphie« nenne ich also die Gestaltgleichheit zwischen Netzhautbildern und primären APM.

Ohne die *Eigenräumlichkeit* der APM wäre Isomorphie nicht möglich.

Abb. 2: Fotografie (links) und zugehörige isomorphe Randlinienskizze (rechts)

Weiterleitung im Sehnerv. Über den Sehnerv (der beim Menschen etwa eine Million Nervenfasern enthält) werden APM ins Gehirn geleitet. Es ist ebenso wahrscheinlich wie unwichtig, dass die APM innerhalb des Raumes, den der Sehnerv einnimmt, *nicht* mehr isomorph zu irgendetwas sind.

Identifikation und Rekonstruktion. Das ZNS muss – und kann – aus diesem Datenstrom *allein* (ohne »Hilfe von außen«) und aktiv *Informationen re-konstruieren*:

Die Rekonstruktion, also die Erzeugung von Information aus Daten, erfolgt in zwei funktionellen Teilprozessen: die *Identifikation* von APM und die *Rekonstruktion* aller APM zu einem zur Außenwelt insgesamt isomorphen »Gesamtbild« (sekundäre Isomorphie) – das dann im Sehsystem als ebenfalls isomorphes Gesichtsfeld bewusst wird. So, wie es sich in jedem Gesichtsfeld evident präsentiert.

Natürlich arbeiten die beiden Funktionen »Identifikation« und »Rekonstruktion« Hand in Hand zwecks gegenseitiger Optimierung – letztlich zwecks Optimierung der Orientierung und anhand der sinnlichen Wahrnehmungen (wodurch sonst?) zwecks koordinierter, zielgerichteter, effizienter Handlungen.

Auf die *neurophysiologische Identifikation* gehe ich hier nicht genau ein (vgl. dazu Senske 2023). Nur so viel sei gesagt:

- *Identifizieren* gelingt nur mit Vergleichen, d. h. neurophysiologisch: Vergleiche zwischen AP-Mustern (Seitenblick: Mustervergleiche kann auch KI, inzwischen schon weitaus besser als Zentralnervensysteme) im Hinblick auf ihre gestaltliche Ähnlichkeit.
- *Vergleichen* lässt sich nur Abgegrenztes, nicht Verschwimmendes. (Daher der hohe Aufwand für die Kontrastverstärkung.) Das heißt neurophysiologisch: APM werden abgegrenzt. Zum Beispiel hochfrequente von niederfrequenten (◉ Abb. 1) … und schon hat das ZNS eine Gestalt herausgearbeitet.
- Vergleiche bedürfen, damit es schnell geht, außerdem eines gut kategorisierten Gedächtnisses – eines Vorrats sowohl klar abgegrenzter wie auch bewährt identifikationstauglicher, d. h. *orientierungstauglicher*, als schließlich auch leicht zugänglicher, »griffbereiter« APM.

> ■ Wie jeder weiß, läuft der Prozess der Identifikation unbewusst ab.

Niemandem wird bewusst, was sein Gehirn alles tut, um eine Katze anhand ihrer Gestalt zu identifizieren. Allein das Ergebnis des neurophysiologischen Identifikationsprozesses wird bewusst: *Es fällt ein.* Oder auch nicht. Oder etwas Falsches fällt ein. (Erwachsenen Menschen fällt das Wort »Katze« ein.) Auch Organismen, die wahrscheinlich kein Bewusstsein haben (für Kriterien siehe ► Teil III) und Kinder, die noch nicht sprechen können, können sehr wohl Gestalten identifizieren. – Daher spielt die Identifikation bei der Erklärung von Bewusstsein, um die es hier geht, keine Rolle.

Rekonstruktion. Das Gesichtsfeld als Ganzes (wie Sie es gerade vor Augen sehen: Es wird Ihnen bewusst) dient der Orientierung. Das kann es effizient nur unter der Bedingung, dass es die räumlichen Verhältnisse, also das Verhältnis der Dinge, die den Organismus umgeben, wahrheitsgetreu wiedergibt. Mit Blick auf das Gesichtsfeld (☺) bedeutet das »Wahrheitsgebot« vor allem (aber auch nur unter anderem): Das Bild, das durch die Augenlinse auf die Netzhaut projiziert wird, wird im Gehirn eins zu eins, also *isomorph, rekonstruiert.* Beim bewussten Gesichtsfeld handelt es sich dabei aus mehreren Gründen *nicht* um eine weitere »Projektion«, *nicht* um eine Abbildung (»vom Netzhautbild zu einem Gehirnbild«), sondern um das Ergebnis eines *Bearbeitungsprozesses* (des *Prozesses* der Re-Konstruktion aus dem Material eines Datenstromes, den der Sehnerv anliefert):

- Die Netzhautbilder beider Augen werden in *eine* Rekonstruktion zusammengeführt (wie jeder *sieht*).
- Das Netzhautbild ist von Natur aus zweidimensional: auf der Netzhaut-*Fläche.* Wir »sehen« aber auch – tendenziell – eine Raumtiefe, also eine dritte Dimension. Die lässt sich anhand des zweidimensionalen Netzhautbildes allein nicht erklären (Näheres in ▶ Teil III und in Senske 2023).
- Zudem vergegenwärtigen Sie sich bitte, dass wir tatsächlich niemals ein Standbild sehen. Vielmehr bewegt sich immer irgendetwas darin (nicht nur unsere Augen samt Kopf und infolgedessen das ganze Bild): Das Thema »Prozesswahrnehmung« wird uns noch beschäftigen. Vorab: Außer, dass die Rekonstruktion isomorph ist, ist sie auch noch koinzident.
- Wenn ich mir vorstelle, dass ich das »rote Stäbchen« auch berühren könnte (taktiler Reiz) und dabei fühle, dass die Lämpchen warm sind – und womöglich noch einen Summton abgeben – und ich mir bei alledem bewusst bin, dass *alle vier* Reize von *einem* Ort Raum stammen –, obwohl die Reize über gänzlich verschiedene »Datenautobahnen« in mein Gehirn gelangen: Dann ist sonnenklar, dass dieser *eine* Ort als Re-Konstruktion nur *neurophysiologisch erzeugt* werden kann.

Insgesamt zeigt sich zweierlei:

> ▣ Der Begriff »Re-Konstruktion« beschreibt präzise die neurophysiologische Entstehung wie auch die erkenntnistheoretische Bedeutung des bewusst werdenden Gesichtsfeldes als eines *wahrheitsgetreuen* und deswegen orientierungstauglichen Bildes von der Welt.

Würde die primäre Isomorphie der APM nicht sekundär rekonstruiert – vermutlich in der Sehrinde –, könnte ich das Stäbchen in meinem bewussten Gesichtsfeld nicht isomorph wahrnehmen.

Retinotopie. Darunter versteht man die neuromorphologisch nachweisbare Gegebenheit, dass auf einer höheren Verarbeitungsebene in der Sehrinde (im ZNS) Nervenzellen in denselben räumlichen Verhältnissen beieinander liegen und angeordnet sind, wie die von den Sehsinneszellen ableitenden Nervenzellen in der Netzhaut das tun. Die Topografie der Sehsinneszellen in der Netzhaut gleicht der Topografie von Nervenzellen in einem bestimmten Bereich der Sehrinde; *und eine neurologische (oder nervale) Verbindung zwischen beiden Bereichen, ebenfalls eins zu eins, ist morphologisch bestätigt.* – Anders gesagt:

> ■ Die Topologie von Netzhaut und einer bestimmten Verarbeitungsebene in der Sehrinde ist isomorph.

Diese Topologie wird nicht erlernt und kann auch gar nicht erlernt werden, sondern sie ist angeboren.

> ■ Die Retinotopie bietet die perfekte Voraussetzung für die *sekundäre, isomorphe Rekonstruktion* jener APM, die originär von den Sehsinneszellen induziert werden.

Anmerkung:

Die Retinotopie bleibt im Tod erhalten. Das auf die Netzhaut projizierte Bild (bei offenen Augen) ebenfalls. Trotzdem entsteht ohne von hier nach dort laufende APM weder eine neurophysiologische Rekonstruktion noch ein bewusstes Gesichtsfeld: keine elektrophysiologische Aktivität = kein Geist. Hirntot.

Was primär vorne auf die Netzhaut reinkommt, kommt in der *gleichen* Struktur hinten, sekundär in der neurophysiologischen Rekonstruktion wieder heraus – und wird daraufhin unter bestimmten Bedingungen ebenfalls isomorph im Gesichtsfeld bewusst.

> ■ Allein wegen der drei Mal hergestellten Isomorphie ist unsere *Wahr*nehmung der Raumverhältnisse *wahr*. Und orientierungstauglich. Und damit sind wir handlungstüchtig und überlebensfähig.

Teil II:
Rückwärts durchs Modell

Ein Bewusst w e r d e n kann man nicht »auf frischer Tat« ertappen. Das kann weder diejenige Person, der gerade irgendetwas bewusst i s t (bewusst i s t ja immer nur das Ergebnis eines Bewusst w e r d e n s), noch kann das ein Gehirnforscher mit irgendwelchen Messgeräten.

> ■ Daher kann das Modell vom Bewusstwerden und Bewusstsein nur das Ergebnis eines »Indizienprozesses« sein.

Bevor im ► Teil III die »Entstehung« des Bewusstseins »auf« der Rekonstruktion vorgestellt wird, gehen wir einmal von rechts nach links durch ⊚ Abb. 1. Dieser Weg sichert die Plausibilität der »zweckoptimierten Fiktion« – des Modells. Denn er geht von dem aus, was im Gesichtsfeld unleugbar, unmittelbarst-evident bewusst ist.

Wenn ich vor einem schwarzen Hintergrund drei rot leuchtende Punkte in einer Linie *bewusst sehe,* darf ich davon ausgehen, dass a) *auf meiner Netzhaut* drei Punkte, die durch »rotes Licht« mittels Augenlinse eben auf die Netzhaut projiziert werden, gleichfalls auf einer Linie nebeneinander liegend zu beobachten wären: also *isomorph,* in diesem sehr einfachen Beispiel.[2] Und ich darf ebenso sicher sein, dass b) *vor* meinen Augen »im schwarzen Raum« drei rote Punkte-an-sich (die aber nicht *an sich* rot sind, sondern nur 650-nm-Wellen aussenden) auf einer Linie liegen: *isomorph.*

Die einfachste Erklärung der bewusst werdenden Isomorphie lautet:

> ■ Das Bewusstsein kann nur auf Aktionspotenzialmustern-auf-Nervennetzen beruhen. Denn etwas anderes kommt im Gehirn nicht vor.

---

2 Diese drei roten Punkte auf der Netzhaut *gleichzeitig von außen* zu beobachten ist übrigens meiner Einschätzung nach nicht möglich, denn die Netzhaut reflektiert kein Licht: also auch das schon eine zweckoptimierte Fiktion!

Folglich muss das APM selbst isomorph sein und kann deswegen *mit dieser Eigenschaft* bewusst werden. Im Übrigen ist es schlechterdings nicht vorstellbar, wie eine Gestalt (hier: ein Stäbchen aus drei Punkten) aus etwas »Ungestaltetem« oder »Andersgestaltetem« entstehen soll.

> ■ Die hier vorgeschlagene Erklärung der Isomorphie ist auf jeden Fall die einfachste.

Allerdings: Solche isomorphen APM sind bislang experimentell nicht nachgewiesen. Ebenso wenig ist nachgewiesen, dass es sie nicht gibt. – Verschiedene Gründe sind dafür denkbar:

- Es wurde nicht danach gesucht, schlicht und einfach, weil es *dieses Modell* bislang nicht gab.
- Der experimentelle Nachweis dürfte äußerst schwierig sein, da erstens die Isomorphie sich auf kleinstem Raum, auf Hunderten unmittelbar benachbarten einzelnen Nervenzellen abspielen dürfte. – Wie soll man von dieser großen Anzahl Nervenzellen *jeweils* Aktionspotenziale abgreifen, ohne das gesuchte Muster durch die dorthin einzuführenden Elektroden zugleich unweigerlich zu zerstören?
- Zweitens bewegen sich diese Muster mit maximal 100 m/s über die Nervennetze. Und bilden womöglich nur kurz und in einer winzigen Zone bei diesem »Flug« ein isomorphes Bild (… das einzig bewusst ist). Wie lässt sich diese *Bewegtheit, um nicht zu sagen: Flüchtigkeit der APM,* experimentell erfassen: mit noch mehr Elektroden – die noch mehr kaputtmachen oder verzerren? (Genau diese haltlose Flüchtigkeit spricht aber, wie wir alle wissen, dafür, dass genau so etwas Bewusstsein sein könnte!)
- Ein Nachweis könnte *prinzipiell unmöglich* sein, wenn der experimentelle Eingriff in ein lebendiges Gehirn das Nachzuweisende (das bewegte, isomorphe Muster) unausweichlich stört, verzerrt oder sogar zerstört. Dieser Punkt wird – nach der Erklärung der »Entstehung« von Bewusstsein – in ▶ Teil III (▶ Kap. 7) noch einmal aufgegriffen.

Festzuhalten bleibt, dass unabhängig von aller angesagten und berechtigten Skepsis das Modell eine Erklärung für das Bewusstwerden der Rekonstruktion liefert, die einerseits weder experimentellen Fakten widerspricht noch sich selbst, die dabei einfach ist und für die eine breit aufgestellte Plausibilität spricht: Das Modell ist eine Fiktion, die ihren Zweck erfüllt.

> ■ Das Modell erlaubt ein umfassendes *Verständnis des Bewusstwerdens*.

Dass Teile der Fiktion möglicherweise niemals experimentell bestätigt werden können, betrachtet der Autor keineswegs als K.-o.-Kriterium: Die Quantenphysik arbeitet erfolgreich mit solchen *irreparablen* Fiktionen (vgl. ► Kap. 7 in ► Teil III).

Und *Sie* arbeiten auch mit einer solchen Fiktion!

> ■ Denn Sie behandeln Ihre Mitmenschen so, als ob diese ein Bewusstsein hätten, obwohl Sie ein solches niemals unmittelbar wahrnehmen noch etwa experimentell nachweisen oder »darstellen« können! Diese Fiktion, fachsprachlich Theorie des Geistes (»theory of mind«) genannt, erfüllt den lebenswichtigen Zweck, dass Sie sich sozial orientieren können.

Teil III:
Die »Entstehung« des Bewusstseins auf der Rekonstruktion

> »Das Unverhüllte ist am schwersten zu enthüllen.«
>
> *Edgar Allan Poe*

Die Art und Weise der »Entstehung« von Bewusstsein auf der neurophysiologischen Rekonstruktion wird zunächst in *einem Satz* definiert. Die darin anklingenden verschiedenen Begriffe und Themen erläutere ich anschließend Schritt für Schritt, verknüpfe sie miteinander und stelle sie in Zusammenhänge mit ▶ Teil I:

> ■ Bewusst *ist* die elektromagnetische Oberfläche der neurophysiologischen Rekonstruktion (des aktuellen Lebensraums) *an sich*, wenn diese Rekonstruktion »dicht« ist, d. h. wenn sie zum einen mit den räumlichen Verhältnissen isomorph sowie mit den zeitlichen Verhältnisänderungen koinzident übereinstimmt und zum andern hochfrequent aktualisiert wird.

Anmerkung:

Die folgenden Ausführungen beziehen sich nach wie vor nur auf die visuelle Wahrnehmung / das bewusste Gesichtsfeld, da uns hierfür Beschreibungen das umfangreichste Vokabular zur Verfügung steht – mehr als für das Bewusstwerden anderer Sinneswahrnehmungen. Auf die Bewusstwerdung von Sprache, Fantasien, Emotionen und Handlungsimpulsen wird nicht eingegangen.

1 Eine isomorphe und koinzidente neurophysiologische Rekonstruktion orientiert den Organismus in seinem Lebensraum

> ■ Zentralnervensysteme (ZNS) haben sich in der Evolution entwickelt, um Informationen aus den von den Sinnesorganen einlaufenden Daten zu erarbeiten und diese in koordinierte Muskelaktionen zu übersetzen.

Zentralnervensysteme dirigieren so die Flucht vor Fressfeinden, die Begegnung mit Fortpflanzungspartnern, das Auffinden von Schlafplätzen und sicheren Orten zur Aufzucht des Nachwuchses sowie natürlich die Nahrungssuche und das Fressen anhand des sinnlich Wahrgenommenen. Die anhand des Wahrgenommenen und der Allzeitziele aller Lebewesen, Überleben und Fortpflanzen, entwickelten *autonomen Bewegungen* unterscheiden Tiere charakteristisch von Nicht-Lebewesen.

Zentralnervensysteme leisten diese lebenswichtige Funktion »Orientierung«, weil sie

a. die Verhältnisse der Dinge im Lebensraum isomorph (gestaltgleich) und alle Verhältnisänderungen (z. B. Bewegungen der Dinge) koinzident (gleich ablaufend) **rekonstruieren** und
b. relevante Einzelheiten und Episoden (Dinge und Prozesse) **identifizieren** können.

> **Anmerkung:**
>
> Das eine wie das andere tut Ihr ZNS gerade *jetzt*, während Sie mit Ihren Augen die Wörter dieses Textes abtasten – übrigens vollautomatisch = anstrengungslos.

Rekonstruktion und Identifikation beginnen an der Oberfläche der Organismen in Sinnesorganen, die über die Haut verteilt sind. Sinnesorgane übersetzen physikalisch-chemische Gegebenheiten oder deren Änderungen (neurobiologisch: Reize) in Aktionspotenzialmuster-auf-Nervennetzen (kurz: APM). Deren Isomorphie wurde in ▶ Teil I näher beleuchtet; um Koinzidenz geht es noch im Weiteren.

> ■ In einem ZNS kommt aus dem Lebensraum, aus der Welt-an-sich nichts anderes an als APM.
> a. Deswegen kann Bewusstsein aus nichts anderem als aus APM »entstehen«.
> b. Deswegen wird *nicht* die Welt-an-sich bzw. werden *nicht* die Dinge-an-sich bewusst, sondern deren neurophysiologische Rekonstruktion.

Weil Reize von den unterschiedlichsten Sinnesorganen in APM *übersetzt* werden, muss ERSTENS die Außenwelt aus dem in ein ZNS einlaufenden Datenbrei *re-konstruiert* (»zurück-übersetzt«) werden, damit sich *ein Organismus eine einheitlich-einzige und mit seinem Lebensraum übereinstimmende Orientierung*, kurz: ein wahres Bild vom relevanten Lebensraum, verschaffen kann. – Nur *ein wahres Bild*, nur eine wahre Rekonstruktion ist *orientierungstauglich*.

Und deswegen können ZWEITENS die physikalisch-chemischen Faktoren der Außenwelt, können die Reize vom ZNS auf keinen Fall *an sich* erkannt werden: so wie sie *ohne* sinnliche Wahrnehmung geartet sind. Weder die Dinge und ihre Veränderungen, die chemisch-physikalischen Reize *an sich*, noch der (neurophysiologische) Akt des Übersetzens in APM kommt im ZNS an, sondern nur das Übersetzte, also die APM.

Das heißt: Ich sehe und erkenne *diese Buchstaben* nicht etwa, weil die Buchstaben selbst in mein Gehirn fliegen, und ich kann auch nicht die elektromagnetischen Wellen selbst wahrnehmen, die von der schwarz-weißen Buchstabengestalt reflektiert werden. Und ich kann nicht die APM-an-sich wahrnehmen, die unaufhörlich von meiner Netzhaut in mein Gehirn sausen.

> ■ Die *Übersetzung* der physikalisch-chemischen Welt in APM – in die »Sprache der APM« – verschafft der Erkenntnis von Immanuel Kant, »Das Ding-an-sich ist nicht erkennbar«, ihre abgrundtiefe Wahrheit.

Übrigens kann ich auch die Bewusstseinsinhalte von Mittieren und Mitmenschen *an sich nicht* erkennen: Ich kann mir der Bewusstseinsinhalte anderer Lebewesen *nicht unmittelbar* bewusst werden, kann sie aber aus Sinnesdaten (Kommunikation, Körpersprache, Geruch) *re-konstruieren*. Jeder kann die absolute Unfähigkeit, sich anderer Bewusstseine unvermittelt bewusst zu werden, jederzeit bestätigen.

Dieses experimentell nicht widerlegte Faktum, dass Bewusstseine, auch »Geister« genannt, *nicht* durch Raum und Zeit geistern (Telepathie, Wahrsagen, für jemanden beten usw.), ist die stärkste Bestätigung dafür, dass *ein* Bewusstsein in *einem* ZNS »erzeugt« wird. – Gleich gefolgt von dem Faktum, dass ein ZNS nachts im Tiefschlaf *kein* Bewusstsein »erzeugt«. Im Tiefschlaf ist mir nicht bewusst, dass ich bewusstlos bin.

> **Ausblick:**
>
> Kants Erkenntnis öffnet schließlich *das* Tor zum Verständnis der »Entstehung« von Bewusstsein – *ein* besonderes *Ding-an-sich* wird eben doch »erkannt«: die elektromagnetischen Nahfelder auf der zentralnervösen neurophysiologischen Rekonstruktion, solange diese bestimmte Bedingungen erfüllt.

Die Ausführungen in ▶ Teil I weiter denkend, lässt sich Kants Erkenntnis präzisieren: Zentralnervös erkennbar/identifizierbar sind weder die elektromagnetischen Wellenlängen des ins Auge fallenden Lichts selbst noch deren Amplituden selbst, sondern allein die Grenzen verschiedenartiger Reize: die Gestalt oder Form der Dinge ist objektiv. Die verschiedenen Wellenlängen des sichtbaren Lichts (die erst in der bewussten Wahrnehmung als verschiedene Farben erscheinen) werden in der Netzhaut von drei verschiedenen sensiblen Farbrezeptortypen aufgenommen, welche anschließend über ihnen zugeordnete Nervenfasern (wiederum) nichts anderes als APM zum Gehirn senden. Klar und deutlich gesagt: Im Gehirn kommen keine Farben an, sondern immer nur APM.

> ■ Identifizieren kann ein ZNS nur Frequenzunterschiede der Folgen von Aktionspotenzialen auf verschiedenen Nervenfasern, also: Grenzen zwischen verschiedenen APM.

In ⊚ Abb. 1 kann ein ZNS, wie beschrieben, die Grenzen des Stäbchens und die drei Punkte, also seine Gestalt, identifizieren, und dies isomorph/gestaltgleich. Die **primäre Codierung der Isomorphie** schon in der Netzhaut legt die – unverzichtbare – Grundlage dafür, dass die zentralnervöse Rekonstruktion des Netzhautbildes zu demselben isomorph sein kann: für die sekundäre Isomorphie. Und allein deswegen kann sie zur Orientierung taugen. Und allein deswegen *sehen* Sie in ⊚ Abb. 1 rechts unten *bewusst* das Stäbchen, also die drei rot leuchtenden Punkte in einer Linie – isomorph, also genauso wie die Versuchsperson, deren neurophysiologische Leistungen in dieser Abbildung, mit diesem »Blick in ihr Gehirn« dargestellt wird. Oder wie ein Mit-Beobachter.

Vergleich mit einer Digitalkamera (stark vereinfacht): In einer Digitalkamera werden die lichtsensiblen Punkte der Sensorfläche S beleuchtet: Auf S liegt ein projiziertes isomorphes Bild der Umwelt. Sehr vereinfacht beschrieben, fließen elektrische Ströme von S zur Displayfläche D. Diese Ströme enthalten – nicht isomorph – die Informationen über das rezipierte Bild – und fließen zu D, wo sie die leuchtfähigen Punkte (diese sind konstruktionsbedingt »sensortop«; vgl. »retinotop«) so ansteuern, dass dort ein isomorphes Bild dargestellt wird. – Der Bezug zu ⊚ Abb. 1 liegt auf der Hand, weswegen ich ihn nicht im Einzelnen herstelle. –

Der Isomorphie der Rekonstruktion im Raum steht ihre **Koinzidenz** in der Zeit zur Seite. Nur wenn Bewegungen eines Fressfeindes oder Fortpflanzungspartners wirklichkeits- und ablaufgetreu rekonstruiert werden – in der korrekten und *in die* korrekte Raumrichtung –, kann ihre Identifikation zu richtigen – lebenserhaltenden – Entscheidungen führen (z. B. Fliehen oder Annähern; ebenfalls in der richtigen oder in die richtige Raumrichtung; diese Richtung ist *nur* aus APM zu rekonstruieren: Das brauchte sicher eine Jahrmillionen dauernde Entwicklungszeit!).

Neurophysiologisch ist für die Gewährleistung von Koinzidenz, für die »Wahrheit der wahrgenommenen Prozesse«, eine Grundeigenschaft von Aktionspotenzialen-auf-Nervenzellen von entscheidender Bedeutung:

> ■ Aktionspotenziale übersetzen *zeitliche* Abläufe in sich bewegende *räumliche* Muster (⊚ Abb. 3). Zeitspannen werden als Abstände zwischen aufeinanderfolgenden APM codiert.

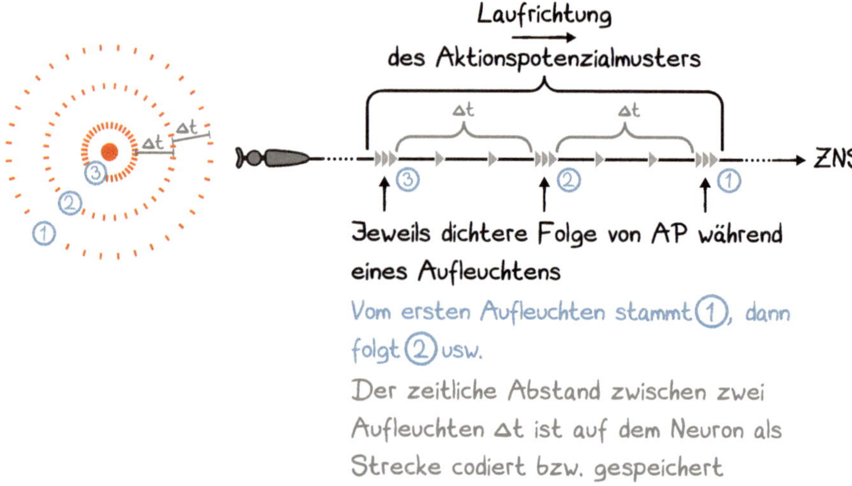

Abb. 3: Ein wiederholt nach jeweils einer Zeitspanne Δt aufleuchtender roter Punkt sendet Lichtstrahlen in alle Raumrichtungen: Lichtblitze im Abstand Δt. Diese bewegen sich mit Lichtgeschwindigkeit durch den Raum, behalten den zeitlichen Abstand Δt unterdessen bei und treffen auf eine rotempfindliche Sehsinneszelle. Diese löst bei Empfang eines jeden einzelnen Lichtblitzes eine Abfolge hochfrequenter Aktionspotenziale aus. Diese »Portionen« auf der Nervenfaser haben untereinander denselben zeitlichen Abstand Δt wie die Lichtblitze.

Der zeitliche Abstand zwischen den APM, die auf der Nervenfaser in Richtung Gehirn laufen, ist *koinzident* zum zeitlichen Abstand der Lichtblitze im Außenraum. Auf diese Art wird eine die Zeit betreffende Information zum Gehirn geleitet. Eine andere »Übermittlungsmethode für Zeit« existiert in Nervensystemen nicht.

Zwei Anmerkungen:

Durch den neurophysiologischen Vergleich solcher Abstände beispielsweise mit einem Normabstand können Zentralnervensysteme Zeit messen: Wie oft passt der Normabstand in einen zu messenden Abstand zwischen zwei APM?

Etwas komplizierter gestaltet sich die Identifikation eines Veränderungsprozesses oder einer Bewegung. Aber auch hierbei muss »nur« auf der Länge der Nervenfaser das zu untersuchende APM mit »orientierungsbewährten gespeicherten APM« verglichen werden. Bei weitgehender Übereinstimmung der AP-Muster-auf-der-Länge-der-Neurone kann »Identität« festgestellt werden: zwischen einem aktuell wahrgenommenen Prozess und einem erinnerten.

Vergleich mit einer Digitalkamera: Ein gefilmter aufblitzender Lichtpunkt blinkt auf dem Display in *derselben* Frequenz wie im Original (und natürlich isomorph am gleichen Raumpunkt relativ zur Gesamtszene).

Nicht zu vergessen der Blick auf das, was »am Ende herauskommt«: Derselbe zeitliche Abstand Δt wird ganz von selbst – da Aktionspotenziale gar nicht anders können als über Nervenfasern zu laufen und dabei ihren Abstand beizubehalten – in die Sehrinde transportiert. Und dort wird, ebenfalls »automatisch«, aber unter noch zu erläuternden Bedingungen, der regelmäßig aufleuchtende rote Punkt in *derselben* Blinkfrequenz, d. h. in *demselben zeitlichen Abstand* Δt, *bewusst*.

Das ist die einfachste Erklärung für das Phänomen, dass in der Welt ablaufende Prozesse denselben Zeitverlauf haben wie sinnlich wahrgenommene und bewusst werdende Prozesse. – Wie sollten Zeitspannen und Prozesse anders und ebenso *wahrheitsgetreu* zu Bewusstsein kommen?

Anmerkung zur Begrifflichkeit:

Ich spreche bei allem, was aus Sinnesorganen ins ZNS, z. B. in die Sehrinde, *einläuft*, von *Daten*.

■ Erst durch neurophysiologische Identifikation wird aus den Daten Information *erzeugt*.

Anmerkung:

Das vorgestellte *Modell der isomorphen und koinzidenten Rekonstruktion* als Grundlage fürs Bewusstwerden liefert die einfachste Erklärung dafür, dass auch Lebewesen, die wahrscheinlich *kein bewusstes* Gesichtsfeld haben, trotzdem eine orientierungstaugliche Rekonstruktion ihres Lebensraumes – mit den für sie *relevanten* isomorphen und koinzidenten Details – erzeugen und benutzen können. In der Evolution hat sich in aller Regel die einfachste Funktion durchgesetzt. Denn die ist sowohl zuverlässig und wenig fehleranfällig als auch energiesparend.

> ■ Wir halten fest: den *Unterschied* zwischen einer neurophysiologischen Rekonstruktion (in einem ZNS) und einem Bewusstsein *von derselben.*

Dieser Unterschied-und-Zusammenhang ist wesentlich und – nach meiner Meinung – in den Neurowissenschaften durchaus *nicht* etabliert sowie ausschlaggebend für die Antwort auf die Frage, ob KI bewusst werden kann (dazu mehr in ▶ Kap. 5 und ▶ Kap. 9).

Ausblick:

Bewusst wird die Rekonstruktion dann und nur dann, wenn sie hochfrequent wiederholt rekonstruiert wird.

> ■ Zentralnervensysteme erzeugen ihre neurophysiologische Rekonstruktion *allein* zu dem Zweck, sie *auszulesen* und daraufhin eine Reaktion, eine Handlung auszulösen. Dabei spielt deren Nicht-Bewusstheit oder Bewusstheit keinerlei Rolle.

Zentralnervensysteme tun dies nicht, um einen schönen Sonnenuntergang zu bestaunen oder sich mit attraktiven Artgenossen über attraktive Artgenossen zu unterhalten, sondern, um anhand dieser ständig erzeugten und aktualisierten »Umweltkarte« lebenswichtige oder fortpflanzungsrelevante Handlungen auszuführen.

Seitenblick:

Es ist vor diesem Hintergrund der Nutzung der Rekonstruktion eine überaus effiziente – weil genial-einfache – evolutionäre »Erfindung«, dass die Muskulatur ebenfalls mit Aktionspotenzialmustern gesteuert wird, in deren räumlicher Anordnung und zeitlicher Abfolge und Frequenz codiert ist, welcher Muskel an welchem Ort im Körper wie stark und wie lange kontrahiert wird.

Die neurophysiologischen Rekonstruktionen, die sich in der Evolution bei vielen Spezies und ihren Individuen in beinahe unendlicher Vielfalt entwickelt haben, funktionieren bestens *ohne* Bewusstsein.

> ■ Uns Menschen und höchst wahrscheinlich sehr vielen anderen Wirbeltier-
> arten wird die Rekonstruktion allerdings bewusst, jedenfalls dann, wenn wir
> nicht gerade im Tiefschlaf sind (oder tot). *Ausschließlich* die Rekonstruktion
> wird bewusst, denn weder aus dem zentralnervösen Input noch aus dem
> zentralnervösen Output wird jemals irgendetwas unmittelbar bewusst –
> noch gar aus der Welt-an-sich!

Oder ist Ihnen schon mal bewusst geworden, wie ein Photon auf eine Sehsinneszelle trifft? Oder wie ein Photon von einem Meerschweinchen reflektiert
wird, bevor es auf Ihre Sehsinneszelle trifft? (Deswegen: Re-Konstruktion
des Meerschweinchens im *bewussten*, im *neurophysiologisch aufgespannten*
Raum.) – Oder wie irgendeine Ihrer Muskelfasern kontrahiert? – Oder wie
der gerade wahrgenommene verstrichene Augenblick grobschematisch in
den neurophysiologischen Speicher überführt wird?

Seitenblick 1:

Bewusstsein der Rekonstruktion bietet offensichtlich *keinen Orientierungsvor-
teil* gegenüber der puren, bewusstlos-effizienten Rekonstruktion. Bewusstsein
zeigt sich – in dieser ersten Näherung – vielmehr als ein »emergenter Über-
schuss«. – Vergleich: Autonomes Fahren ermöglicht in naher Zukunft ebenso wie
Zentralnervensysteme effiziente Orientierung plus orientierte, zielgerichtete
Bewegung, ohne dass das Navi (oder die installierte KI) bewusst ist.

Seitenblick 2

auf »Einfallen und Entfallen« von Bewusstseinsinhalten: Ein ZNS besorgt und
gestaltet den Input in seine Rekonstruktion *allein und vollständig*. Und es *liest die
Rekonstruktion* aus, zu seinen (Handlungs-)Zwecken und mit seinen Methoden
(z. B. zu Identifikation und Speicherung), ebenfalls allein und vollständig. Daher
erlebt jeder Mensch seine Bewusstseinsinhalte als Einfälle. (Sie können nicht
entscheiden, was Ihnen als Nächstes bewusst wird, sondern das fällt Ihnen
ein.) Und das ganze Bewusstseinsgeschäft beginnt morgens mit dem Zu-Fall
der Bewusstwerdung: dem Wachwerden. Im Laufe des Tages erleben wir dann,
dass dies und das »nicht einfällt« und dass Bewusstseinsinhalte entfallen – und
ganz, ganz viele passend und lustig einfallen – *so ein zufallender Reichtum!* – und
dass zuletzt das Bewusstsein beim Einschlafen entfällt, komplett.

Seitenblick 3

auf den »Zweck der Rekonstruktion«: *Die Rekonstruktion wird vom ZNS erzeugt und genutzt*, sie wird anhand von sinnlichen Wahrnehmungen mit APM bestückt und zwecks Handlungskoordination ausgelesen. Diese Funktionen erfüllt eine Rekonstruktion auch ohne Bewusstsein. Denken Sie an die vielen sehr wahrscheinlich bewusstlosen und trotzdem – in *ihrem* Lebensraum – orientierungs- und handlungsfähigen Lebewesen wie Würmer, Quallen und Schnecken. Die Rekonstruktion ist kein Selbstzweck, sondern ein zentral wichtiges, nützliches *Instrument* von Zentralnervensystemen. Das kann man von deren Bewusstsein *nicht* sagen:

■ Jedes Bewusstsein-von-der-Rekonstruktion ist überflüssig und doch (neben Emotionen, Sprache, Fantasie und Handlungsimpulsen) der einzige und vollständige Inhalt meines Lebens.

Was als Nächstes *in die Rekonstruktion hineingestellt* wird, entscheidet *nicht* die Rekonstruktion. Diese Entscheidungen fallen woanders und vorher und nachher im ZNS, unterbewusst, aber oft *anhand* einer vorangegangenen Rekonstruktion: Das – nicht bewusste – *Ausgelesenwerden* der einen Rekonstruktion beeinflusst mehr oder weniger bzw. unter anderem, was als Nächstes in der (nächsten) Rekonstruktion erscheint: über Rückkopplungsschleifen, die neu Wahrgenommenes und gegebenenfalls Identifiziertes einbeziehen.

Im Alltag bemerken wir die Ohnmacht der Rekonstruktion – die Ohnmacht des Bewusstseins (!) – daran, dass ich *nicht* »bewusst« bestimmen kann, dass mir eine englische Vokabel einfällt, dass der Schmerz im Knie aus meinem Bewusstsein verschwindet, dass mir die Superidee zu einer Konfliktlösung einfällt oder dass ich jetzt gleich einschlafe.

Seitenblick 4

auf einen Vergleich des Modells, speziell der neurophysiologischen Rekonstruktion, mit der Funktion einer **Generalstabskarte**: Eine solche wird anhand von Beobachtungen an der Front bestückt (isomorphe und zeitverzögert-koinzidente Einzeichnungen »der Lage«) und vom Generalstab ausgelesen, um zielführende Manöver auszuführen. Dabei entscheidet die Karte selbst weder darüber, was in sie eingezeichnet wird (was »in sie einfällt«) noch über die anhand

---

der »Lage« gegebenen Befehle (Handlungskoordination). Nachdem die Befehle ausgeführt worden sind, wird eine neue Lage in die Karte eingezeichnet (aber nicht von der Karte; Rückkopplung über die Wahrnehmung des Ergebnisses der Handlung, welche selbst die »Konsequenz des ZNS« aus der vorangegangenen Wahrnehmung war). – Also: Die Generalstabskarte (die Rekonstruktion / deren Bewusstsein) ist ohnmächtig.[3]– Ohne Generalstabskarte ist der Generalstab jedoch blind (Orientierungslosigkeit ohne Wahrnehmung) und ohne Militär (Muskulatur) handlungsunfähig.

Seitenblick 5

auf das Bewusstsein: Dieses »erscheint« auf der neurophysiologischen Rekonstruktion, sofern und solange diese zwei Bedingungen erfüllt, die wir noch genauer untersuchen werden. Diese außerordentlich flüchtige Erscheinung »Bewusstsein« (im Tiefschlaf verflüchtigt sie sich in jeder Nacht ganz und gar) ist, auch angesichts ihrer totalen Funktionslosigkeit, *nicht* »das Ziel der Evolution«, denn die kam während Äonen ohne Bewusstseine aus – nicht aber ohne Rekonstruktionen. Einmal ganz abgesehen davon, dass die Evolution grundsätzlich keine Ziele verfolgt: Das Leben ist in der Vergangenheit etwa fünf Mal zu etwa 80 Prozent untergegangen. (Welches Ziel hatte die Existenz der Saurier – die übrigens wahrscheinlich bei Bewusstsein waren?) Und Leben wird in etwa 2 Mrd. Jahren aus astrophysikalischen Gründen auf der Erde unmöglich werden.

---

3 Vergleiche in ⊛ Abb. 1 rechts den rot durchgestrichenen Pfeil.

2 Elektrische und magnetische Felder

Mit elektrischen und magnetischen Feldern bezeichnen Physiker Modell-vorstellungen, die *unmittelbar* keiner sinnlichen Wahrnehmung (⊙ Abb. 4) und keiner Messung zugänglich sind, deren Voraus-*Setzung*, tatsächlich: deren *Fiktion*, aber außerordentlich prognosepotent ist.

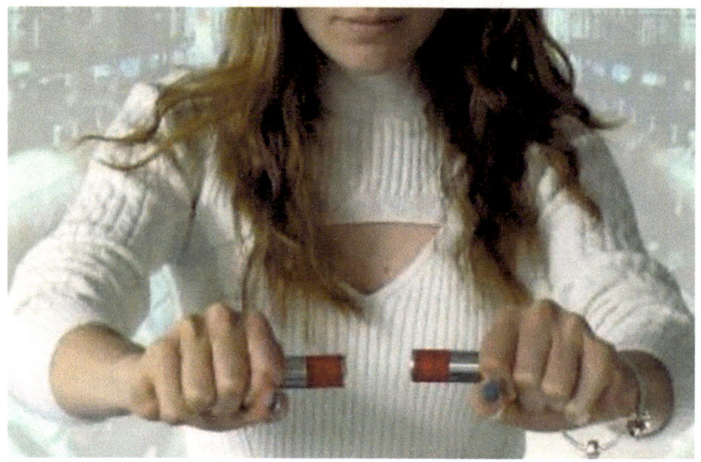

Abb. 4: Zwischen zwei aktiv einander angenäherten magnetischen Nordpolen von Neodym-Magneten ist ein Druck fühlbar, gegen den Muskelkraft kaum ankommt. Obwohl da offensichtlich nichts ist. Niemand weiß oder kann messen, was sich dort abstößt oder wie? (Gibt es ein besseres Beispiel für Kants Erkenntnis: Das Ding an sich ist nicht erkennbar?) Physiker haben diesem »Ich-weiß-nicht-was-dazwischen-ist«, dem nicht erkennbaren Ding-an-sich, einen Namen gegeben: Magnetfeld. Und sie können seine Feinstruktur im Raum genau beschreiben (im Feldlinienmodell: bogenförmige Feldlinien umgeben einen Stabmagneten) und haben ein (ziemlich kompliziertes) mathematisches Gesetz aufgestellt, das die Stärke der Abstoßungskraft an verschiedenen Punkten im Raum exakt beschreibt und daher auch vorhersagen lässt.

Physikalische Felder sind anhand von Wahrnehmungen und Messungen erarbeitete zweckoptimierte Fiktionen, die man allein aufgrund ihrer Vorhersagekraft für wahr hält.

Seitenblick:

Religionen sind *ausdrücklich* wahrnehmungs*frei* aufgestellte Fiktionen und nachweislich ohne jede Vorhersagekraft.

Allgemein formuliert: Felder sind Raumeigenschaften, die man nicht unmittelbar messen kann, die aber wegen ihrer messbaren Wirkungen, z. B. Kraftwirkungen (auf Massen, Magnete, elektrische Ladungen), als vorliegend *gesetzt zu werden zweckmäßig ist*.

■ Aufgrund der Vorhersagekraft der mathematischen Feldtheorien haben wir allen Grund anzunehmen, dass es beispielsweise elektrische Felder, magnetische Felder und elektromagnetische Wellen (wie z. B. Licht[4]) *an sich* gibt.

Gleichwohl hat noch niemand diese physikalischen Felder gesehen, genauso wenig wie Gravitationsfelder. *Allein* weil diese Fantasiegebilde beste Vorhersagen erlauben, entspricht ihnen höchstwahrscheinlich etwas in der Welt an sich. Wenn auch niemand jemals erkennen können wird, was.

Ich erinnere: Die Fantasie »Meine Mitmenschen haben ebenfalls ein Bewusstsein« ist auch nur eine Fiktion, besser gesagt: eine Projektion. Ich erkenne Reaktionen meines Gegenübers wieder, weil ich sie von mir selbst kenne, und schließe daraus, dass mein Gegenüber »genauso tickt wie ich« – also bewusst ist.

Die Unterstellung der Existenz von Mitmenschbewusstsein ist eine hochgradig prognosepotente Fantasie: Sie ermöglicht soziale Orientierung. Die höchst zuverlässige Prognosepotenz beider Fiktionen (physikalische Felder, Bewusstsein) erlaubt uns zu sagen: Diese sind *wahr* gemäß der Definition von »Wahrheit« als – für diesen Zusammenhang formuliert –

---

4 Licht kann man nicht unmittelbar sehen. Wenn Licht auf die Netzhaut fällt, sehen wir farbige oder schwarzweiße Flächen, aber nicht das Licht selbst; und wir sehen diese Flächen irgendwo im Raum (an der richtigen Stelle im Gesamtbild) und nicht auf der Netzhaut.

Übereinstimmung einer bewussten Fantasie mit etwas außerhalb des fantasierenden Gehirns.

Die naheliegende Frage, wie eine Rekonstruktion darauf kommt [= wie sie rekonstruiert], dass es außerhalb von ihr überhaupt noch irgendetwas gibt, wird im Buch »Kommen Wahrheiten zur Welt« geklärt.

3 Die Felder der Aktionspotenziale

Aktionspotenziale (»Nervenimpulse«) sind Schwankungen der elektrischen Spannung, die sich an Nervenfasern entlangbewegen. Sie gehen unvermeidlich mit elektrischen Feldern einher, da ihre Hauptakteure Ionen, also elektrisch geladene Atome oder Moleküle, sind. Da diese Ionen sich bewegen, man spricht auch von Mikroströmen oder »Strömchen«, spielen Magnetfelder ebenfalls eine Rolle, denn konstant bewegte Ionen erzeugen unausweichlich Magnetfelder. Sobald Ionen sich beschleunigt bewegen, wenn sie sich etwa hin- und herbewegen, wenn sie schwingen, erzeugen sie elektromagnetische Wellen (EMW), die sich mit großer Geschwindigkeit vom Ort ihrer Entstehung wegbewegen. – Das sind Naturphänomene.

Ein einziges Aktionspotenzial, das ein Axon entlangläuft, *geht einher* (im wahrsten Sinne des Wortes) mit Schwingungsbewegungen/Strömchen von Ionen in drei Raumdimensionen. Im Prinzip bewegen sich zum Beispiel Natrium-Ionen schnell in radialer Richtung durch die Axonmembran in das Axon hinein (⊚ Abb. 5 links; und werden dann langsam wieder herausgepumpt). Außerdem fließen Diffusions- und zugleich Ladungsausgleichsströmchen außen am Axon entlang (⊚ Abb. 5 rechts) wie auch innerhalb des Axons. Und dieses raumzeitlich hochkomplexe Phänomen wandert zudem mit einer Geschwindigkeit von ungefähr 100 m/s am Axon entlang in Richtung Axonende (roter Pfeil).

⊚ Abb. 5 zeigt Besonderheiten:

- Die radialen und die tangentialen Ladungsbewegungen stehen senkrecht aufeinander. So etwas kommt in solcher räumlich-zeitlichen Nähe weder anderswo in der Natur noch in menschengemachter Elektrotechnik vor.
- Jede beschleunigte Bewegung von Ionenpulks ist – so konstatiert die Physik – mit der Abstrahlung einer EMW verbunden.

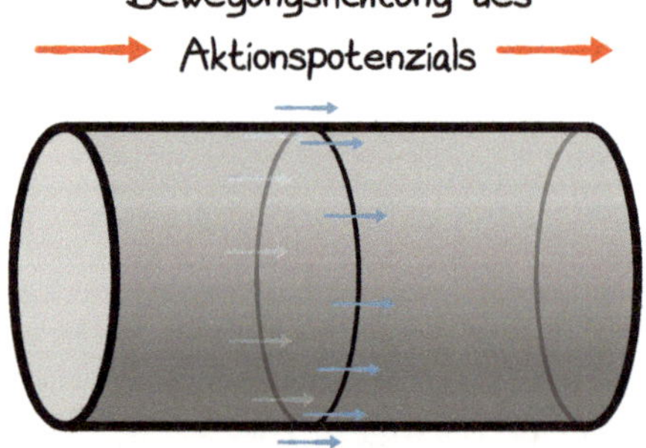

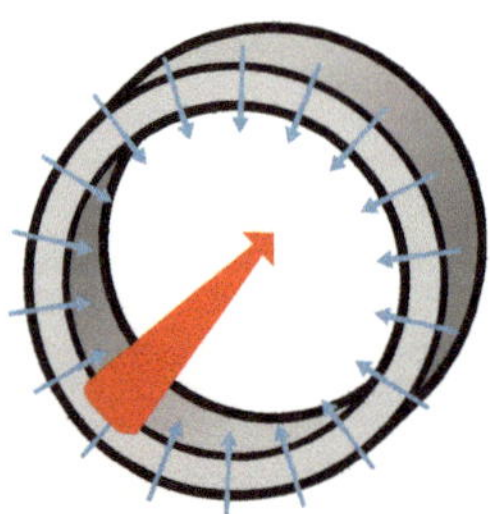

Im Querschnitt: radiale Strömchen durch geöffnete Poren in der Zellmembran des Neurons hindurch; durch Ionenpumpen wieder zurückgepumpt.

Im Längsschnitt: tangentiale Diffusions- und Ladungsausgleichs-Strömchen „am Nerv entlang" und rund um den Zylinder herum.

Beide beschleunigte Bewegungen werden jeweils von verschiedenen Ionenpulks in enger räumlicher Nachbarschaft und unmittelbarer zeitlicher Aufeinanderfolge ausgeführt.

Abb. 5: Richtungen von Ionenströmchen (kleine blaue Pfeile) während eines Aktionspotenzials in einem Raumbereich eines Axons (schematisch stark vereinfacht als Rohr oder Zylinder dargestellt; die roten Pfeile zeigen die Laufrichtung des Nervenimpulses)

Diese beiden Besonderheiten zusammengenommen:

- Mit dem Aktionspotenzial werden EMW erzeugt, die senkrecht aufeinander stehen bzw. einander durchdringen.
- Da die Ionenströmchen eines Aktionspotenzials *zusätzlich* in Richtung der roten Pfeile (der Bewegungsrichtung des AP folgend) wandern, tritt der Doppler-Effekt auf: Bewegt eine Wellenquelle (hier: Wechselströmchen) sich *in* die Ausbreitungsrichtung der von ihr erzeugten Welle (◉ Abb. 5 rechts), addieren sich die Amplituden der abgestrahlten Welle (bei Schallwellen unter bestimmten Bedingungen zu einem Überschallknall) – eine einzigartige Konstellation!

Aus den beschriebenen physikalisch-neurophysiologischen Zusammenhängen à la Lehrbuch ergibt sich:

- Zu *Mustern* (APM) zusammengesetzte Aktionspotenziale, die durch Nervennetze rasen, sind der *einzige* Daten- bzw. Informationsträger (Information über Außerkörperliches), mit dem ein ZNS arbeitet.
- APM strahlen (ob sie wollen oder nicht) hochkomplexe EMW ab. Daraus folgt:

> ■ Die Information, die ein APM transportiert, ist identisch – das heißt: isomorph und koinzident – auch in den vom APM abgestrahlten EMW enthalten. Deren Isomorphie und Koinzidenz ist eine natürliche, eine physikalische Folge der Erzeugung von EMW.

(Vergleiche ◉ Abb. 1, rechts unten: »Physikalisch generierte Isomorphie und Koinzidenz«.) Aber: Gleichheit der Information von APM und abgestrahlter Welle findet sich nur so lange und so weit, wie die komplexen EMW sich nicht »verlustieren«:

a. durch gegenseitige Überlagerung (Interferenz mit der Folge Abschwächung oder Verstärkung),

b. durch Intensitätsverringerung beim Durchdringen des Körpergewebes und

c. aufgrund des zunehmenden Abstands vom Erzeugungsort (verdreifacht sich der Abstand z. B., sinkt die Intensität auf ein Neuntel der Anfangsintensität).

> ■ Die *nächste Nähe* von EMW mit maximaler Informationsdichte zu einem Bereich, in dem isomorphe und koinzidente Rekonstruktion stattfindet, nenne ich die **elektromagnetische Oberfläche der neurophysiologischen Rekonstruktion** (die natürlich keine geometrisch ebene Fläche ist, sondern ein bzw. mehrere Raumbereiche).

Dass das Gehirn *als Ganzes* eine *elektrische Oberfläche* hat, die messbar ist, zeigt jedes Elektroenzephalogramm (EEG).[5] Dabei handelt es sich um die

---

5 Gelegentlich auch als Hirnstromkurve bezeichnet

Messung und grafische Darstellung von im Vergleich zu einzelnen Aktionspotenzialen relativ großen Spannungsschwankungen, also von Schwankungen (allein) der elektrischen Feldstärke auf der Kopfoberfläche. Die Spannungsschwankungen zeigen dort einen »unordentlichen« Wellenverlauf. Sie kommen *natürlich* durch die Abstrahlung unermesslich vieler Mini-EMW »auf« Aktionspotenzialen zustande (woher sonst?), deren Felder sich überlagern. Auf der Kopfoberfläche kommen allerdings niemals isomorphe und koinzidente Informationen an, sondern nur der verwaschene und datenbreiige »Rest vom Schützenfest«. (Die Gründe dafür sind die o. g. Aufzählungspunkte a bis c.)

Anmerkung 1:

Aber selbst aus einem EEG auf der Basis sehr vieler signalaufnehmender Kopfhautelektroden lassen sich grobschematische Rückschlüsse, beispielsweise von medizinischer Relevanz, auf die Gehirnfunktion ziehen. Und inzwischen auch recht präzise Rückschlüsse auf das, was dem Probanden gerade bewusst ist! Allerdings nur durch Anwendung von KI zur Analyse von Spannungs*mustern* auf der Kopf*oberfläche* (das sind keine APM!), die sich bei Testpersonen wiederholt ausprägen (und deswegen identifizierbar sind), die etwa an einen bestimmten Sprachbegriff denken. – Solche differenzierten EEG-Muster, die *indirekt* »Gedanken, also Bewusstseinsinhalte, lesen lassen«, bestätigen, dass die im ZNS erzeugten elektrischen Felder Informationen enthalten.

Anmerkung 2:

Dass auch äußere magnetische Wechselfelder einen Einfluss auf die Hirnleistung haben – auch mit medizinischer Relevanz – ist nachgewiesen.

Die physikalisch generierte Isomorphie der elektromagnetischen Oberfläche mit der neurophysiologisch generierten Rekonstruktion sei in einem Vergleich veranschaulicht (⊙ Abb. 6):

Ein Diapositiv enthält etliche Strukturen, das heißt Informationen, aus der Außenwelt, die beim Fotografieren im Inneren des Fotoapparates eins zu eins auf das Zelluloid gebannt werden: Analogie zur isomorphen neurophysiologischen Rekonstruktion des Netzhautbildes. Richtet man einen weißen Lichtstrahl auf das entwickelte Dia, so tritt er hindurch und lässt wiederum die gleichen Strukturen auf einer Projektionsfläche hinter dem Dia erscheinen. Auch hier transportieren elektromagnetische Wellen (Licht) eine strukturelle Information eins zu eins, isomorph, über eine Strecke bis zur Projektionsfläche.

Analogie: Die Projektionsfläche samt projiziertem Bild entspricht der elektromagnetischen Oberfläche der neurophysiologischen Rekonstruktion. Im Gehirn gibt es eine solche Projektionsfläche selbstverständlich nicht. *Aber es gibt die elektromagnetische Oberfläche an sich:* Das ist der Punkt! ▶ Teil III des Buches wurde mit diesem zentralen Zusammenhang »in einem Satz« eröffnet. Worauf wir in ▶ Kapitel 5 ausführlich zurückkommen werden.

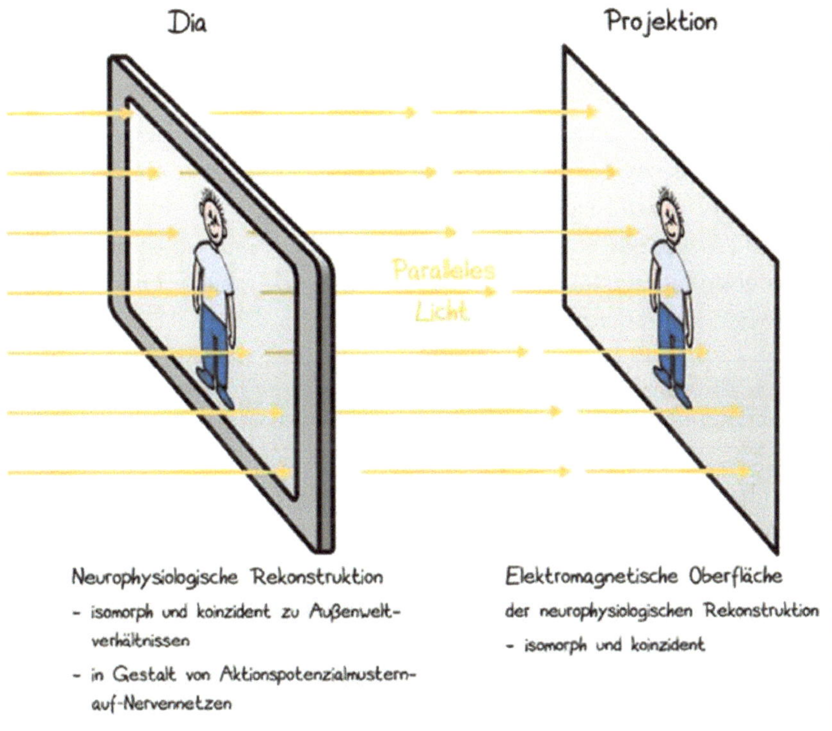

Abb. 6: Ein Dia und seine Projektion als Analogie zur neurophysiologischen Rekonstruktion und ihrer elektromagnetischen Oberfläche

4 Die Aktualisierungsfrequenz der Rekonstruktion

Vorbemerkung: Damit Sie besser verstehen, worum es nun geht, überlegen Sie bitte: Wo war das, was Ihnen *jetzt, in diesem Augenblick,* bewusst ist, *bevor* es Ihnen bewusst wurde?

Nein: Das stammt *nicht* von diesem bedruckten Papier, denn die Druckschwärze-auf-Papier fliegt nicht in Ihr Gehirn hinein. Und nein: Das jetzt Bewusste kann nicht aus »Nichts« entstanden sein, denn es hat ja die Worte hier unzweifelhaft zum Anlass. Und nein: Es ist außerordentlich unwahrscheinlich, dass »der Heilige Geist« es Ihnen gerade auf Ihr Gesichtsfelddisplay gesimst hat, denn dann wäre der Text auf dem Papier ganz und gar überflüssig.

Also: Wo war das, was jetzt bewusst ist, vorher? Und wo ist es, nachdem es wieder entfallen ist – aber so entfallen, dass ich mich – das ist gewiss – später wieder daran erinnern kann?

> ■ Zentralnervensysteme erzeugen die neurophysiologische Rekonstruktion zu Orientierungszwecken, bestücken sie und lesen sie aus. (Wie schon gesagt.)

Diese Orientierungsfunktion und ihre Fähigkeit, *Wahrheit zu generieren,* ihre *Übereinstimmung* mit lebensräumlichen Dingen und Prozessen, ist so überlebenswichtig, dass sich während der Evolution ein besonderer *Aktualisierungsmechanismus* herausgebildet hat. Dieser sorgt nicht nur dafür, dass die Einmaligkeit-Flüchtigkeit jeder Situation immer »ein wenig verlängert wird«, »um Zeit für die Verarbeitung zu gewinnen«. Sondern auch dafür, dass die jederzeitige Aktualität der Rekonstruktion + Identifikation zeitgenau und eins zu eins registriert wird, auch bei schnellen Veränderungen, bei schnellen Bewegungen: Der Aktualisierungsmechanismus kompensiert die Trägheit des neurologischen Systems.

Um Prozesse – wie etwa das Annähern eines Fressfeindes oder das Sich-Entfernen eines Fortpflanzungspartners – so präzise wie möglich identifizieren zu können (Richtung im Raum, Geschwindigkeit, Beschleunigung, jeweils in Relation zur eigenen Bewegung), ist die *Koinzidenz* der auf Nervennetze aufgespielten APM (vgl. ⊚ Abb. 3) mit den Prozessen Grundvoraussetzung.

Die pure Koinzidenz (zur Erinnerung: »Zeitspannen gleich Raumstrecken«) spielt aber den Prozess *nur genau einmal* in die Rekonstruktion und ermöglicht *nur genau einmal* Identifikation. Das ist riskant! Das ZNS könnte Wichtiges übersehen. Es gilt deshalb

- die zeitliche Präzision der Rekonstruktion zu verbessern,
- die nötigen Prozessidentifikationen zu optimieren,
- mehr Gelegenheiten zu Vergleichen mit Bekanntem und Bewährtem zu schaffen,
  - um die Präzision der Verortung im Raum zu erhöhen und
  - um darüber hinaus, mit Blick auf die unmittelbare Zukunft und zu planende Handlungen, vorab *mehrere* Vergleiche möglicher Reaktionen mit bewährten Handlungsmustern zwecks Optimierung der Effizienz zu antizipieren (Alternativen).

> ■ Dazu werden Abschnitte der koinzidenten Rekonstruktion *wiederholt* in den Bereich einer Rekonstruktion, in eine *Rekonstruktionszone* (vielleicht in die retinotope Ebene der Sehrinde?) eingespielt, und zwar *hochfrequent*.

Dies ermöglicht also, dass sie auch *wiederholt* ausgelesen werden, während der Vorgang »draußen« bloß *einfach* abläuft.

Wiederholte Episoden erlauben insbesondere, Identifikationen mehrfach vorzunehmen und dadurch abzusichern. Und Wiederholungen des Inputs erlauben es, mehrere mögliche Handlungsalternativen (Output) schon vorab zu simulieren, ihre Effizienz zu antizipieren – und die erfahrungsbasiert Beste auszuwählen (Propriozeption). Im Übrigen lassen sich Veränderungen/Bewegung, also kleine Unterschiede beim Vergleich mehrerer (fast) identischer Wiederholungen treffsicherer identifizieren und herausarbeiten. Das gilt insbesondere auch für Veränderungen der Veränderung – die fallen bei einem nur einmaligen Durchlauf nicht auf, sondern werden eher als mögliche Fehler unter den Tisch gekehrt. – Kurz:

> ◼ Mit der *Repetition des Wahrgenommenen* lässt sich die Reaktion auf Veränderungen, die Koordination der Muskulatur, zeitnah-schnell und selbstoptimierend antizipierend planen und außerdem während der schließlich ausgeführten Reaktion schnell nachjustieren.

Die APM aus den Sinnesorganen werden von Haus aus *natürlich gespeichert* (wie beschrieben) und können daher über rücklaufende Schleifen mehrmals in eine Rekonstruktionszone eingespielt und dadurch mehrmals ausgelesen werden. Dadurch lässt sich die Identifikation verifizieren. Ebenso wie Veränderungen deutlicher auffallen, weil das Nervensystem gleichsam eine Zweit- und Drittmeinung einholt. Bevor es bzw. *während es* mit derselben Methode eine bestmögliche Reaktion vorab, als gefahrlose Trockenübung, ausprobiert. Eine Art Rückkopplung zur Identifikations- und Planungsoptimierung.

> ◼ Die hochfrequente Aktualisierung einer Rekonstruktion ist eine relativ späte Erfindung der Evolution.[6] Sie spielt die entscheidende Rolle beim Bewusstwerden einer Rekonstruktion.

Das erhellen die folgenden neun Gesichtspunkte:

1. Im Schlaf rekonstruiert (und identifiziert) jedes ZNS selbstverständlich ebenfalls. Doch eine *hoch*frequente Aktualisierung ist überflüssig, da es weniger wahrzunehmen gibt (visuell fast gar nichts, aber weiterhin akustisch, olfaktorisch und taktil) und demgemäß auf wenig oder fast gar nichts reagiert werden muss, folglich keine Reaktionen zu antizipieren sind. Daher – um Energie zu sparen – wird die Aktualisierungsfrequenz im Schlaf herabgesetzt: Das EEG zeigt geringere Frequenzen. Und das Bewusstsein entfällt phasenweise zur Gänze: im Tiefschlaf.

> ◼ Ob eine Rekonstruktion bewusst ist, hängt von ihrer Aktualisierungsfrequenz ab.

---

6 Isomorph und koinzident waren die Rekonstruktionen von Natur aus schon immer; die anderen fehlerhaften Rekonstruktionen sind »ausgestorben«.

2. Dazu passt die Selbstbeobachtung (Introspektion), dass das Bewusstsein fokussiert: Mal ist dieses dominant bewusst, während ich jenes »aus dem Blick verliere«. Dann fällt mir diese tolle Idee ein, und dabei nehme ich gar nicht mehr wahr, was mir vor Augen liegt. Diese Alltagsphänomene hängen von Entscheidungen des ZNS ab (unterbewusst: nicht von »Ich«!), *welche* APM hochfrequent rekonstruiert werden und bei welchen APM die Aktualisierungsfrequenz – mangels Relevanz (auch das wird nicht von einem »Ich« entschieden) – verringert wird. Über das nächste Bewusstwerden entscheidet nicht das, was jetzt bewusst und fokussiert ist.

■ Kein aktueller Bewusstseinsinhalt entscheidet über den nächsten Bewusstseinsinhalt. Darüber entscheidet die ZNS-Region, die die Aktualisierungsfrequenz reguliert.

So viel – als Andeutung – zum Thema »freier Wille«.

3. Hochfrequente Aktualisierungen von APM sind neurophysiologisch besonders energieaufwendig. Daher lässt sich unter Einsatz von KI mit bildgebenden Verfahren, die den Energieumsatz in einer kleinen Hirnregion (mit sehr vielen Nervenzellen) darstellen, herausfinden, was einer Person gerade bewusst ist, was diese denkt. Dabei spielen allerdings nicht nur die Bereiche der nunmehr hochfrequenten Rekonstruktionen eine Rolle, sondern auch die – anderen – Bereiche, in denen identifiziert oder Sprache assoziiert wird oder Emotionen durch Wahrnehmungen ausgelöst werden oder Handlungsprogramme »aus dem Speicher geholt« und für den Einsatz vorbereitet werden. Wohlgemerkt, was Probanden *währenddessen* bewusst ist, kann dem Hirnforscher *nicht unmittelbar* bewusst werden. Und noch weniger der KI, die Muster von Hirnregionen hohen Energieaufwands identifiziert und lernt, diese bestimmten Gedanken (die ein Proband in Vorversuchen artikuliert) zuzuordnen. Nur ein winziger Teil der Hirnaktivität, also der unterschiedlich verteilten und »mustergültigen« Orte des höchsten Energieumsatzes, die ein Forscher aufzeichnet und die eine KI ausliest, wird dem Probanden bewusst.

4. Wie Experimente zeigen, kommen Einzelbilder, die in einen Film eingestreut werden, einerseits nicht zu Bewusstsein (die Probanden können sich daran nicht erinnern) und werden andererseits trotzdem identifiziert, weil sie bestimmte Reaktionen, z. B. Durst, signifikant begünstigen. Das bestätigt einerseits erneut, dass Identifikationen prinzipiell unbewusst erfolgen (und nur ihr Ergebnis in der Rekonstruktion »bewusst auftauchen« [= einfallen] kann). Und andererseits lassen sich diese Experimente so erklären, dass die Einzelbilder zu selten bzw. nur einmalig und dabei zu kurz auftreten, als dass ihre Rekonstruktion hinreichend oft oder mit hinreichend hoher Frequenz oder überhaupt repetiert wird (ZNS-Entscheidung!), um bewusst zu werden.

5. Wie erwähnt, zeigen sich im EEG niedrigere Wellenfrequenzen (physikalisch gleichbedeutend mit längeren Wellen), wenn der Proband sich im Tiefschlaf befindet. Diese niedrigeren Frequenzen können ein Beleg für geringere Aktualisierungsfrequenzen von APM darstellen. Deren elektromagnetische *Oberfläche* es außerdem aus den Rekonstruktionszonen heraus auch noch auf die *Kopfoberfläche* geschafft haben, ohne diese Eigenschaft zu verlieren.

6. Eine hochfrequente Aktualisierung von APM findet nur auf höheren Verarbeitungsebenen des ZNS statt, nicht aber beispielsweise bei der Erzeugung der APM in der Netzhaut. Daher wird nicht das Netzhautbild selbst als Gesichtsfeld bewusst: Das Bewusstsein ist nicht im Auge, sondern die zusammengeführte *Rekonstruktion* beider Netzhautbilder beider Augen wird bewusst (= manchmal hochfrequent aktualisiert). (Denn nur sie ist eine solide Verarbeitungsgrundlage für effiziente Reaktionen.)

7. Bewusstsein »entsteht« nicht in einer (genetisch) festgelegten Gehirnregion, sondern in jenen Zonen, in denen APM gerade hochfrequent aktualisiert werden. Das sind in der Regel mehrere (dazu weiter unten mehr). Und die verändern auch noch ihren Ort, weil Aktionspotenziale und damit APM sich prinzipiell bewegen.

8. Kürzlich wurden Probanden circa eine halbe Minute lang Lichtblitzen ausgesetzt, die mit einer Frequenz aufleuchteten, welche im Be-

reich der von EEG bekannten Wachfrequenzen liegt. Wie sich zeigte, nahm danach die Merkfähigkeit der Probanden signifikant zu. – Erklärung mit diesem Modell: Die *Außen*-Wahrnehmung *derselben* Frequenz wie die *interne* Aktualisierungsfrequenz der Rekonstruktion (wenn sie sich im *aktiven* Verarbeitungsmodus befindet) triggert das ZNS der Probanden in den Arbeitsmodus. Die Außenwahrnehmung hat die Rekonstruktion der Probanden in den Arbeitsmodus gebracht. Und zum Arbeitsmodus gehören auch Speicherung und Speicherauslesung zum Zwecke von Vergleichen.

9. Ich prognostiziere: Spielt man Probanden im Tiefschlaf Schallfrequenzen vor, deren Amplitude gerade oberhalb der Hörgrenze liegt (die also nicht als bedrohlicher Lärm identifiziert werden) und die – entsprechend Punkt 8 – im Bereich der vom EEG bekannten Wachfrequenzen liegen, dann träumen die Probanden entweder diese Töne (Traumbewusstsein) oder wachen auf: »kommen zu Bewusstsein«.

5 Die elektromagnetische Oberfläche der hochfrequent aktualisierten Rekonstruktion *an sich*

Ich wiederhole den Eingangssatz zu ▶ Teil III zur »Entstehung« des Bewusstseins sinngemäß, komme auf Kants »Ding an sich« zurück und baue es in den Gedankengang ein: Mit diesem »Schlussstein« schließt sich der Kreis der Argumentation:

> ◾ Die elektromagnetische Oberfläche einer hochfrequent aktualisierten und dichten neurophysiologischen Rekonstruktion ist *an sich* bewusst: Sie ist im engsten Wortsinn (im Kurz-Schluss): *selbst-bewusst.*

Nach all den aufeinander aufbauenden einzelnen Vorüberlegungen lässt sich das Mosaik der »Entstehung« von Bewusstsein zu einem *neuen Modell vom »Entstehen« und »Vergehen« von Bewusstsein* zusammensetzen. Die folgende **Argumentation in vier Schritten** orientiert sich nach wie vor am bewusst werdenden Gesichtsfeld als exemplarischer neurophysiologischer Rekonstruktion des Lebensraumes eines mit einem ZNS ausgestatteten Lebewesens:

- *Argument 1:* Daran, dass einem bewussten Gesichtsfeld eine – zu den Außenverhältnissen – isomorphe und koinzidente neurophysiologische Rekonstruktion zugrunde liegt, besteht kein Zweifel. Ein Grund dafür ist, dass dies die einfachste Erklärung für die Wahrheit meiner Wahrnehmungen ist.[7]

---

7 Einzige Alternative zu dieser *neurophysiologischen Erzeugung* der Rekonstruktion wäre, dass ein Gehirn sein Gesichtsfeld, dieses Bild von der Welt, von außen »zugesendet« bekommt, dass Gehirne also »Empfänger für den Weltgeist« seien, aber selbst keinen Geist erzeugen. Dieses Sender-Empfänger-Modell – das esoterische Modell, demzufolge »Geist durch Raum und Zeit geistert« – lässt sich weder experimentell bestätigen (z. B.: fremdes Bewusstsein wird nicht bewusst), noch ist es mit Wissenschaft und ihren Prinzipien vereinbar (objektive Reproduzierbarkeit und bestätigende Prognosen gibt es nicht), noch ist es widerspruchsfrei: Ein »Weltgeist«, ein »Weltbewusstsein« bedarf logischerweise keiner individuellen materiellen Empfänger, weder um zu existieren noch um bei Bewusstsein zu sein: Wozu dann aber all die Gehirne »aus Fleisch und Blut«? – Die esoterische Position ist auch nicht mit der Evolution der Lebewesen kompatibel, also nicht mit der *Entwicklung verschiedenster* Rekonstruktionen über Jahrmillionen.

- *Argument 2:* Die Rekonstruktion erzeugt gemäß physikalischen Grundprinzipien elektrische und magnetische Felder wie auch elektromagnetische Wellen.
- *Argument 3:* Diese »elektromagnetische Oberfläche« muss aus logischen und physikalischen Gründen die gleichen Informationen enthalten wie die neurophysiologische Rekonstruktion (*natürlich* nicht zu 100 Prozent, weil der Zufall überall reinspielt).
- *Argument 4:* Elektromagnetische Felder sind eine zweckoptimierte Fiktion von Menschen, physikalisch: eine Modellvorstellung, die als in der Welt bestehend voraus-*gesetzt* wird – ohne dass ein direkter, evidenter, unmittelbarer Nachweis möglich ist. Vielmehr bewährt sich diese Fiktion immer wieder und überall, weil sie gute Vorhersagen und nicht zuletzt auch die Konstruktion hocheffizienter elektromechanischer Maschinen (z. B. Smartphone!) ermöglicht.

Der Kern des hier vorgestellten Modells lautet nun:

> ■ Wir unterstellen nicht nur, dass (andere) Menschen *selbst* ein Bewusstsein haben, sondern postulieren zudem: Dieses Bewusstsein *ist* das elektromagnetische Nahfeld auf der neurophysiologischen Rekonstruktion *selbst*.

Das ist der erkenntnistheoretische Kern des Modells. Die zweifache Unterstellung ist prognosepotent:

- Die Unterstellung von Bewusstsein ermöglicht (zusammen mit Empathie) soziale Orientierung unter Menschen.
- Das Modell der »Entstehung« von Bewusstsein ermöglicht außerdem die – allfällige – Unterstellung von Bewusstsein auch bei Tierarten »mit hoher Aktualisierungsfrequenz / mit bestimmtem EEG« und erlaubt die Feststellung, dass KI nicht bewusst werden kann, da sie keine der Bedingungen erfüllt.

Die zweifache Unterstellung ist nicht nur alles in allem plausibel, sondern auch mit allem kompatibel, was wir aus Physik, Neurowissenschaft, Evolution und, nicht zu vergessen, aufgrund von Introspektion wissen. Und sie ist (bislang) alternativlos.

Wir dürfen gewiss sein, dass unseren Naturgesetzen, wie wir sie kennen, etwas außerhalb der Formelzeichen und der zugehörigen Berechnungen entspricht, etwas in der Welt an sich. Denn Naturgesetze erlauben die *Vorhersage* von sinnlich Wahrnehmbarem bzw. von Messbarem. Deswegen werden sie, ebenso wie die erwähnten Felder und wie andere Bewusstseine, für wahr gehalten, für »Dinge«, besser: für Phänomene, die *an sich* außerhalb *meines* Bewusstseins existieren. – Wir können *natürlich* weder Felder noch Naturgesetze noch andere Bewusstseine *an sich erkennen* im Sinne von *wahrnehmen*, aber über sie effizient fantasieren. – Übrigens ebenso wie wir die sinnlichen wahrnehmbaren Dinge und Prozesse *an sich* nicht zu erkennen vermögen. *Mit genau einer Ausnahme:*

> ■ Die Felder, die die neurophysiologische Rekonstruktion emittiert, sind das einzige Ding-an-sich, das ich »erkennen« kann: Diese Felder selbst werden bewusst, sie *sind* Bewusstsein.

Das Wort »erkennen« im Merksatz steht in Anführung, da es sich hier weder um eine »intellektuelle Erkenntnis« oder eine »tolle Idee« handelt noch um eine neurophysiologische Identifikation oder eine Wahrnehmung; ja nicht einmal um eine Fantasie. – Eine treffendere Formulierung lautet:

Die elektromagnetische Oberfläche der Rekonstruktion *ist* – unter bestimmten Bedingungen (z. B. hohe Aktualisierungsfrequenz) – bewusst.

Oder:

Die elektromagnetische Oberfläche der neurophysiologischen Rekonstruktion ist selbst-bewusst. Im einfachsten und kürzesten Sinn dieser Worte. Quasi tautologisch.

Damit ist die »Entstehung« des Bewusstseins beschrieben, wie im Titel dieses Buches angekündigt. Warum also ist nun »Entstehung« (des Bewusstseins) mit Anführungszeichen versehen? Weil die elektromagnetischen Felder auf der Rekonstruktion *nicht* die »Ursache« von Bewusstsein sind: Das eine (Felder) geht dem anderen (Bewusstsein) *nicht* zeitlich voran, sondern die Felder *sind an sich selbst* bewusst. Bewusstsein ist ein *Emergenzphänomen*, das von Natur aus auftaucht, sobald eine neurophysiologische Rekonstruktion bestimmte Bedingungen erfüllt. Anders gesagt: Bewusstsein ist ein Emergenzphänomen, *als das* eine Rekonstruktion unter bestimmten Bedingungen *erscheint*. Und ansonsten wieder verschwindet.

Bewusstsein wird nicht von der elektromagnetischen Oberfläche der neurophysiologischen Rekonstruktionen erzeugt oder bewirkt, noch weniger ist Bewusstsein der »Sinn« der Rekonstruktion oder »das Ziel« der Evolution, sondern es erscheint unter bestimmten Bedingungen unausweichlich auf einer Rekonstruktion.[8] Und verschwindet wieder, ebenfalls unausweichlich.

Nach diesem Modell wird Bewusstsein nicht zu irgendwelchen Zwecken erzeugt, sondern ist ein physikalisch unvermeidliches Abfallprodukt. Oder – wie es euch gefällt – ein Bonus oder überflüssiger Luxus. Bewusstsein verbessert weder die Orientierung eines Organismus (dafür reicht eine optimierte/aktualisierte Rekonstruktion) noch seine Handlungsoptionen. (Denn auch bewusst werdendes Fantasieren zukünftiger Taten ist »nur« die elektromagnetische *Oberfläche* einer neurophysiologischen Fantasie-*Rekonstruktion* – das ZNS benutzt *nur* letztere für seine Handlungsentscheidungen [nicht deren Oberfläche]; für eine genauere Darstellung siehe ▶ Teil IV und »Kommen Wahrheiten zur Welt«.)

> ▪ Bewusstsein wird nicht verursacht, daher kann es auch nichts bewirken.

Vor diesem Hintergrund: Der Pfeil in ⊙ Abb. 1 rechts, der einen theoretischen Einfluss von Bewusstseinsinhalten auf »Handlungen« symbolisiert, ist (rot) durchgestrichen; wohingegen ein Einfluss der Rekonstruktion – mittels »Auslesen bzw. Ausgelesenwerden« – gerade deren Zweck ist und daher als dicker Pfeil in Richtung »Handlungsauslösung« dargestellt ist.

Bewusstsein hat keine Ursache, deswegen kann es auch nichts bewirken: Der »freie Wille« beruht auf einer – neurophysiologisch unvermeidlichen – Täuschung bei der zentralnervösen Handlungsauslösung (Genaueres im

---

8 Für Physiker: Dies geschieht so unausweichlich, wie eine Sendeantenne mit schwingenden Elektronen elektromagnetische Wellen abstrahlt.

bereits angesprochenen Buch). Bewusstsein ist grundlos, zwecklos und ohnmächtig. – Wollen Sie das wahrhaben? – *Und doch ist es der alleinige Inhalt eines Lebens. Denn was mir nicht bewusst ist, ist kein Element oder Erlebnis meines Lebens.*

Anmerkung:

Zum Nicht-Bewussten gehören fast hundert Prozent der Organsteuerung und der organischen/zellulären Selbstorganisation und Selbstheilung meines Körpers. Im Schlaf!

Die Formulierung »mein Bewusstsein« offenbart sich vor diesem Hintergrund als irreführend: Dem Modell zufolge »besitzt« kein »Ich« ein Bewusstsein, so wie ich ein Notebook besitze, sondern umgekehrt: Das Wort »Ich« kommt zu Bewusstsein, es *fällt* ein, indem das entsprechende APM gerade hochfrequent aktualisiert wird – worüber das Unterbewusstsein entscheidet – und z. B. die Sprachartikulation »ich« auf den Weg bringt. (Ich kann nicht »ich« sagen oder »ich« denken, wenn mir das nicht einfällt. Ein Problem bei Demenz, dass dem Dementen nicht bewusst wird! Ein »Verlust der Persönlichkeit«, der dem Dementen als Verlust nicht auffällt.) – Anders gesagt: Die elektromagnetische Oberfläche einer neurophysiologische Rekonstruktion bewusstet oder eben nicht, abhängig von der Aktualisierungsfrequenz, nicht abhängig von einer »Entscheidungsinstanz ›Ich‹«.

Anmerkung:

Hier zeigt sich, dass unser alltäglicher Sprachgebrauch (»Ich tu dies, und dann habe ich das vor, und das lasse ich lieber«) gelegentlich, unmerklich und gewohnheitsmäßig falsche Zusammenhänge unterstellt, genauer: eine nicht existente Ursache-Wirkungs-Beziehung. – Was bewusst ist, hat keinen Einfluss auf das, was als Nächstes bewusst ist. Null. Das lässt sich introspektiv beobachten, wenn man es denn wahrhaben will. Das wird deutlich, wenn Sie über die Frage in der Vorbemerkung von ▸ Kapitel 4 nachdenken. Eine umfangreichere Argumentation finden Sie in Senske (2023).

Der Vollständigkeit halber sei angemerkt, dass die hohe Aktualisierungsfrequenz nur eine der beiden Bedingungen für das Erscheinen von Bewusstsein ist. Die andere ist die maximal hohe Informations*dichte* der Rekonstruktion und – zwangsläufig deswegen auch – die ihrer Oberfläche, die darauf beruht, dass im bewussten Gesichtsfeld die (rekonstruierte) Außenwelt maximal verdichtet ist – auf engstem Raum isomorph und koinzident – und daher lückenlos. Dies wiederum legt nahe, dass die APM selbst »lückenlos dicht« sind, also wohl kleinste, eng-benachbarteste Räume einnehmen. Das zeigt auch effiziente Energienutzung angesichts der energiezehrenden Aktionspotenziale.

> ■ Gehirne sind die Orte der höchsten Informationsdichte im Universum.

Weil sie – und nur sie – ihre Umgebung ausschnittweise, hochgradig komprimiert und auf winzigstem Raum *rekonstruieren.*

6 Acht Gründe, warum dieses Modell der »Bewusstseinsentstehung« wahr sein kann

6.1 Erster Grund

Die »gekreuzten *und* zylindersymmetrischen *und* sich dabei bewegenden« besonderen Formen elektromagnetischer Felder (vgl. ⊚ Abb. 5) existieren außerhalb neuronaler Netze in der Natur nicht. Sie kommen allerdings an jedem Nerv im Körper vor und werden dort *nicht* bewusst.

Daher muss für die »Entstehung von Bewusstsein« zugleich eine zweite Bedingung erfüllt sein:

6.2 Zweiter Grund

Die isomorphe und koinzidente Struktur eines Aktionspotenzial*musters* wird hochfrequent in derselben Gehirnregion *wiederholt*. – »Muster« bedeutet, dass eine hohe Informationsdichte vorliegt: Das Muster bildet die komplexen geometrischen Verhältnisse der Außenwelt isomorph und zeitlich koinzident ab (Beispiel Gesichtsfeld und ⊚ Abb. 2). Eine hochfrequente Wiederholung gleichartiger Muster verstärkt womöglich den Doppler-Effekt (Erklärung vgl. ▸ Kap. 3) und damit die Feldstärke, sodass ab einer überschwelligen Feldstärke Bewusstsein heraufdämmert. Mit niedrigeren Aktualisierungsfrequenzen und folglich geringeren Feldstärken lassen sich sowohl »halbbewusste Dämmerzustände« erklären als auch Bewusstlosigkeit bzw. Tiefschlaf. Und Bewusstseinszustände früherer und anderer Lebewesen fantasieren.

☺ BILD titelt: Bewusstsein ist Überschallknall im Gehirn. ☺

Ist die Informationsdichte geringer, z. B. »während der Identifikation« oder beim Gedächtnis, bei dem Isomorphie nicht erforderlich ist, dann fehlt Bewusstsein ebenfalls.

6.3 Dritter Grund

Das Modell enthält keine inneren Widersprüche und ist mit bewährtem physikalischem und neurophysiologischem Wissen kompatibel. Nichts spricht dagegen.

6.4 Vierter Grund

Das Modell ist die einzige »Erklärung« für Bewusstsein, die einen sogenannten infiniten Regress[9] vermeidet. Das heißt in diesem Zusammenhang: Das Modell kommt *ohne* ein »Ich« aus, das »seine innere oder äußere Welt« beobachtet (wie ein Kinobesucher den Film). Ein Rückschritt auf die naheliegende Frage »Wer beobachtet das Ich?« ist daher ebenso wenig nötig wie ein nochmaliger Rückschritt auf die Frage: »Wer beobachtet das ›Ich‹ beim Beobachten des ›Ich‹?« (jeweils damit »sich« irgendetwas bewusst wird). Und so weiter.

Vielmehr postuliert das Modell (verkürzt): Die neurophysiologische Rekonstruktion *ist an sich* bewusst, wenn und soweit bestimmte Bedingungen erfüllt sind.

Anmerkung:

»Ich kann mich beobachten.« Das ist möglich, und zwar nicht nur im Spiegel. Diese Möglichkeit, sich selbst sowohl von außen, als Körpergestalt, zu visualisieren als auch sich an irgendetwas Selbst-Gedachtes, -Gekonntes oder -Erlebtes zu erinnern oder zukünftige eigene Vorhaben zu planen, ist dadurch bedingt, dass menschliche Zentralnervensysteme außer ihrer sogenannten Wahr-Rekonstruktion (mit dem Paradebeispiel Gesichtsfeld) auch eine Fantasie-Rekonstruktion erzeugen können. Und dass diese beiden Rekonstruktionen sich »transparent überlagern«. Sie bemerken das daran, dass Sie sich mit offenen Augen vergegenwärtigen können, wie Sie heute gefrühstückt haben, und »sehen und fantasieren« dabei eine Art doppelt belichtetes Bild (Näheres zu den Rekonstruktionen in ▶ Teil IV sowie im zitierten Buch). Vergleiche zur Veranschaulichung ● Abb. 8.)

---

9 Folge logischer Schlüsse oder Gedanken, die an keiner Stelle abbrechen und zu keinem Endpunkt kommen; auch als »endloser Selbstaufruf« oder »unendlicher Rückschritt« bezeichnet

6.5 Fünfter Grund

Insbesondere das Konzept der zentralnervös zunächst erzeugten und dann benutzten neurophysiologischen Repräsentation zeichnet eine breit aufgestellte, umfassende Plausibilität aus. Denn es erklärt Erfahrungen, die jeder Mensch *bewusst* macht bzw. introspektiv jederzeit bestätigen kann:

- Was im Bewusstsein auftaucht, was bewusst wird, fällt ein – und entfällt. Erklärung für das Einfallen: APM werden in Rekonstruktionsbereiche eingespielt und hochfrequent aktualisiert – Entfall entsprechend. Einfälle und Entfälle lassen sich nie »bewusst« steuern, wie ihr Name schon sagt. Es ist vielmehr so, dass mir, wenn ich beispielsweise meine Aufmerksamkeit auf dieses richten möchte und von jenem wegziehe, dann das *zuerst* einfällt – oder eben nicht.

- Mir wird nie bewusst, was einem anderen Menschen gerade bewusst ist. Denn jedes ZNS erzeugt nur (s)eine eigene Rekonstruktion. Diese rekonstruiert nicht die Rekonstruktionen anderer *Zentralnervensysteme.* (Menschen können jedoch darüber sprechen. Das läuft aber über den Kanal »sinnliche [hier: akustische] Wahrnehmung«.) In meinem Hirn kommt von der elektromagnetischen Oberfläche der Rekonstruktion eines Nachbarhirns praktisch nichts an. (Die kommt ja nicht einmal auf dessen eigener Kopfoberfläche an.)

- Ich stoße in meinem Bewusstsein nirgendwo und nie an Nicht-Bewusstsein (auf Dinge an sich, auf APM, auf Gehirnsubstanz, auf Licht), auch nicht auf Gegenstände (sondern auf Druckgefühle an bestimmten Orten im Raum), ja nicht einmal auf andere Bewusstseine (▸ s. o.) und auch nicht auf frühere eigene Bewusstseine. Begründung: **Die Rekonstruktion rekonstruiert nicht ihre eigenen Grenzen**, weder ihre räumlichen Grenzen (das sind real die eigenräumlichen Grenzen von APM) noch ihre zeitlichen Grenzen (wie ein APM zunehmend hochfrequent aktualisiert wird). Logischerweise kann eine Rekonstruktion das nicht. – Genauso wenig wie ein Fotoapparat die Grenze *seines eigenen* Sensors fotografieren kann, kann ich die Grenzen meines Gesichtsfelds – zum etwa links und rechts Nicht-Wahrgenommenen – wahrnehmen. (Denn das widerspricht sich selbst: wahrzunehmen, was ich nicht wahrnehme.) Außerdem: Das Display eines Fotoapparates kann keinesfalls zeigen, wie die elektrisch codierten Informationen aus dem angeschlossenen Kabel in *es selbst* einlaufen. Daher gilt:

> ■ Niemand nimmt den Prozess wahr, der seine momentane sinnliche Wahrnehmung erzeugt – allgemein: woher und auf welchem Weg Einfälle und Gefühle zu Bewusstsein kommen. Aus der *Erinnerung* an den vergangenen Strom der Gedanken (»stream of consciousness«) lässt sich jedoch rekonstruieren, dass alle Bewusstseinsinhalte einfallen (im Wesentlichen aus den Sinnesorganen, aus nachgeordneter Verarbeitung oder aus dem Gedächtnis).

Anmerkung:

Die Tatsache, dass Bewusstsein zu keiner Zeit und an keinem Ort an Grenzen zu was auch immer stößt, führt zu einem Ur-Irrtum in dem Bild, das Menschen sich von Ich-in-der-Welt machen: Weil ich im Bewusstsein keiner Grenzen meines Bewusstwerdens bewusst werde, *schließe ich kurz*, dass mein Bewusstsein keine Grenzen hat.[10] Und dass folglich Bewusstsein – wir nennen es in diesem Zusammenhang gerne »Geist« – durchs Universum geistert, als »Weltgeist« oder »Teil von Gott«. – Wäre das so, dann hätte mein Bewusstsein allerdings *unmittelbaren* Kontakt zu anderen Bewusstseinen. (Denn denen muss es ja genauso ergehen.) Weil dem nicht so ist – auch nicht ausnahms- und wunderbarerweise – spreche ich in diesem Text so oft wie möglich im Plural von Bewusstsein*en*.[11]

Mein Gehirn erkennt oder begreift oder fantasiert *nicht* deswegen irgendetwas, weil es auf magische Weise an »einer Idee« »partizipiert«, sondern weil mein Gehirn meine Welt (Erkenntnisse, Fantasien, Emotionen, Erinnerungen) neurophysiologisch *erzeugt*. – Und Ihr Gehirn Ihre Welt. Entwicklungen der Evolution über viele hundert Jahrmillionen! (Vergleiche ► Teil IV.)

---

10 Das geht Hand in Hand damit, dass die Fantasie grenzenlos ist, da ich neben jedem Raum weiteren Raum und vor/hinter jedem Prozess weitere Prozesse fantasieren kann: In beiden Fällen werden Grenzüberschreitungen *bewusst*, aber nicht Grenzen von Bewusstsein. Das ist jedoch ein anderes Thema, das im Buch »Kommen Wahrheiten zur Welt« abschließend geklärt wird.

11 Weil im Deutschen der Plural von »Bewusstsein« nicht existiert, monieren Rechtschreibprogramme ihn als *Fehler*.

Anmerkung 1:

Da ein Bewusstsein nicht auf Grenzen stößt, weder auf Dinge an sich / auf Nicht-Bewusstsein noch auf andere Bewusstseine noch auf früheres eigenes Bewusstsein,[12] ist es grenzenlos allein. Das weiß auch jeder Mensch: nicht als Erkenntnis, die aus einer sinnlichen Wahrnehmung gewonnen wird, sondern als Fantasie-von-sich-selbst. Dieser existenzielle Grundzustand jedes Bewusstseins gehört zum Selbstbild. Und dazu gehört auch, dass wir alle – im Alltag bestens bewährt – fantasieren, wir seien nicht allein allein. – »Allein, aber nicht allein allein«: Auf diesen beiden Beinen steht mein Bewusstsein. Diese Erfahrung ist, zusammen mit der ebenso existenziellen Ohnmacht von Bewusstsein, *die* Energiequelle für *alle* Formen unseres Zusammenlebens und all der Gestalten, in denen sich mein Bewusstsein zum Ausdruck bringt: Familie, Sozial- und Gesellschaftsformen, Kultur und Religion. Dies ist zwar nicht das Thema dieses Buches, in ▸ Teil IV finden Sie jedoch einen kleinen Ausblick vor diesem Hintergrund unter der Überschrift »Technikfolgenabschätzung«.

Anmerkung 2:

Wie kann *einem* Bewusstsein bewusst werden, dass *es selbst*, dass *ein* Bewusstsein sich *keiner* Grenzen bewusst wird? Widerspricht sich das nicht selbst? – Die Antwort schließt an die erste Anmerkung dieses Kapitels an: Die Fantasie-Rekonstruktion, die (außer beim nächtlichen Träumen) stets zugleich mit der Wahr-Rekonstruktion bewusst werden kann, ermöglicht Menschen, sich selbst (ihre Körpergestalt) von oben oder von der Seite zu *visualisieren*. Diese Fähigkeit wird (in der frühen Kindheit) in *einem* Zusammenhang mit jener *wichtigen Fantasie erlernt*, dass es in anderen »Dingen mit Menschengestalt« (Isomorphie-Identifikation!) ebenfalls Bewusstseine gibt, was deren beobachtbare Autonomie am einfachsten erklärt. Weswegen die *Fantasie*, es gäbe noch andere Bewusstseine, bestens sozial orientierungstauglich ist und daher als wahr gilt. Also ganz kurz:

■ Weil Menschen *fantasieren* können, stellen sie sich vor,

   a. ihr Bewusstsein sei nicht das einzige auf der Welt und

   b. außerhalb ihres Bewusstseins (jenseits ihres Menschenkörpers) gäbe es viele Dinge-an-sich.[13]

---

12 Eigenes Bewusstsein wird als Erinnerung bewusst (vgl. die »Dritte Rekonstruktion« in ▸ Teil IV).
13 Die neurophysiologische Fantasie-Rekonstruktion wird genauso *bewusst* wie die Wahr(nehmungs)-Rekonstruktion – und überlagert diese »transparent«. Daher wird sie hier nur am Rande thematisiert. Vergleiche auch ▸ Teil IV.

Punkt b) weitergedacht: In der Bewusstseinsphilosophie wird behauptet, Bewusstsein ginge grundphänomenal mit »Intentionalität« einher: Bewusstseinsinhalten sei inhärent, sie handelten *von* etwas in einer Außenwelt: von Nicht-Bewusstem. Auch dieser Irrtum lässt sich mit der Fantasie-Rekonstruktion erklären, die hochentwickelte *Zentralnervensysteme* zusätzlich zur Wahr-Rekonstruktion erzeugen, zu Orientierungszwecken in der Raumtiefe, im Sozialleben und in der Zukunft. – Beispielhaft: Wenn ich mit einer Hand gegen einen Gegenstand (!) drücke oder stoße, dann spüre ich dort *nicht* »etwas außerhalb meines Bewusstseins«, sondern mir wird ein – *mein* – Druckgefühl *bewusst* (an einem Ort *in meinem* Raumkonzept). Dass der Gegenstand etwas außerhalb meines Körpers-inklusive-Bewusstsein ist, erschließe ich aus dem, was ich in meiner Fantasie aus der Vogelperspektive auf diese Situation visualisiere: wie meine Handgrenze an die Gegenstandsoberfläche stößt. (Die Fähigkeit, eine solche Vogelperspektive einzunehmen, erlernen Kleinkinder im Lauf von Jahren.)

Hinweis: Es besteht ein enger sachlicher Zusammenhang zwischen den in diesen Anmerkungen beschriebenen Phänomenen und entwicklungspsychologischen Beobachtungen zur »Objektpermanenz« und zur frühkindlichen Entwicklung der »Theorie des Geistes«, fachsprachlich »theory of mind«.

Anmerkung zum inneren Widerspruch des philosophischen Begriffs »Intentionalität«:

Wenn ich mir vorstelle, dass Bewusstsein immer »von etwas außerhalb des Bewusstseins handelt«, dann wird *mir* eben das *bewusst*, logo? *Unterdessen* wird nichts außerhalb des Bewusstseins, Nicht-Bewusstsein, bewusst: Denn das widerspräche sich selbst.

Die unaufhaltbare Flüchtigkeit von Bewusstsein lässt unmittelbarst bewusst werden, dass die elektromagnetische Oberfläche der Rekonstruktion ein *Prozess ohne jede Konstanz* ist: Elektromagnetische Wellen verdunsten quasi rasend schnell, da ihre Informationsdichte sich gleich über der Rekonstruktion auflöst (sodass auf der Kopfhaut schon [fast] nichts mehr davon übrig ist), *und* werden ununterbrochen von den in die Rekonstruktion einlaufenden APM nachproduziert: Einfallen – Entfallen. Als wäre die elektromagnetische Oberfläche das Schillern der Farben auf einer Seifenhaut. Immer neu, nie identisch wiederholt, jeden Moment einmalig: das Urerlebnis »Leben«.

> ■ Nur was mir bewusst wird, *ist* mein Leben. Wahrnehmungen, Fantasie, Emotionen, Handlungsimpulse, die mir nicht bewusst werden, kommen offenbar in meinem Leben nicht vor.

6.6 Sechster Grund

Das Modell widerspiegelt Kants Aussage zur Nicht-Erkennbarkeit des Dinges an sich: Eine neurophysiologische elektromagnetische Oberfläche, die *selbst* als »drei rote Punkte in einer Linie« bewusst wird, hat rein gar nichts mit drei Punkten zu tun, die eine bestimmte Wellenlänge emittieren und *an sich vor* dem Auge liegen. Außer der Isomorphie der drei Punkte.

6.7 Siebter Grund

Mit dem Modell klärt sich auf *einen* Schlag die *dreimalige* »Entstehung« von Bewusstseinen auf (Schritte **a–c**):

Bewusstseine sind auf neurophysiologischen Rekonstruktionen in der Evolution **a)** erstmals vor Jahrmillionen »entstanden«: als Zentralnervensysteme die hochfrequente Aktualisierung ihrer Rekonstruktionen *entwickelten*, weil sich dadurch Orientierungsvorteile und zugleich Vorteile für die Handlungsplanung und -effizienz ergaben. Dabei bleibt heutzutage völlig unklar, welche Gehirnfunktionen in welchem Umfang neben der sinnlichen Wahrnehmung – bewusst wurden: etwa von Beginn an auch Emotionen und Handlungsplanungen und Erinnerungen? Und die Frage, wie beispielsweise »die ersten bewussten Gesichtsfelder« *aussahen*: Das wird wohl ein Rätsel und aus heutiger Menschen-Sicht *unvorstellbar* bleiben.[14] *Alle Entwicklungen der Evolution geschahen in kleinsten Schritten –* und geschehen weiter so, wie die Mutationen der Coronaviren und die Änderungen ihrer Gefährlichkeit zeigen, ebenso wie die Entwicklung von künstlicher Intelligenz.

---

14 Genauso unvorstellbar wie das, was einer Fledermaus von ihrer Echoortung (höchstwahrscheinlich) bewusst wird

> ■ Daher ist die Fantasievorstellung – meistens religiöser Provenienz –, »Bewusstsein trat von einer Sekunde auf die andere plötzlich und mit dem vollen Programm auf« – *naturwidrig*.

Außer vor Urzeiten in der Evolution treten Bewusstseine **b)** beim Lebensbeginn einzelner Individuen auf. Ein Menschkind kommt irgendwann schon vor seiner Geburt zu Bewusstsein, sicher nicht genau während derselben und erst recht nicht schon während der Zeugung. Vermutlich dämmert Bewusstsein – uns kaum vorstellbar – nebulös herauf. Es ist experimentell schwer, die Phase eines ersten Bewusstwerdens eines jungen Lebewesens zeitlich einzuordnen. (Hier zeigt sich wieder, dass wir Bewusstsein weder messen noch wahrnehmen können.) Gemäß dem hier vorgestellten Modell ließe sich »Bewusstsein« im Fetus aus einem EEG schließen, das hochfrequente Aktualisierungen – wie im Wachzustand (im Unterschied zum Tiefschlaf) – belegt.[15]

Schließlich tritt Bewusstsein auch **c)** jetzt gerade bei Ihnen auf, während Sie l e s e n. Wobei deutlich wird, dass Ihnen zwar *jetzt diese Wörter bewusst sind*, aber die Wörterfolge drei Zeilen darüber nicht mehr: Die werden *jetzt* nicht mehr aktualisiert bzw. sind nicht in der Rekonstruktionszone – sind aber immer noch als APM gespeichert: Sie haben die Möglichkeit, sich daran zu erinnern: Dann fällt Ihnen der Inhalt wieder ein: Er wird wieder bewusst, wahrscheinlich nur sinngemäß, oder auch nicht. – Wachbewusstsein überstreicht immer nur die Zeitspanne eines wachen Augenblicks, vielleicht eine Viertelsekunde? Im Modell ist das die Zeitspanne, die zwischen dem Einzug eines hochfrequent aktualisierten APM in die Rekonstruktionszone und seinem Verschwinden aus derselben vergeht, bzw. die Spanne zwischen der Erhöhung und Verringerung seiner Aktualisierungsfrequenz.

6.8 Achter Grund

Im Zusammenhang mit Erinnerungen sei noch einmal darauf hingewiesen, dass diese *gleichzeitig* mit Wahrnehmungen bewusst werden können: Erin-

---

15 Ein »Wach-EEG« ist gemäß dem hier vorgestellten Modell wohl auch ein belastbarer Hinweis auf Bewusstseine bei Tieren.

nerungen sind gleichsam transparent über dem Gesichtsfeld visualisierbar. Das zeigt:

> ■ Es gibt mindestens zwei unterschiedliche Rekonstruktionen, die beide *zugleich* bewusst werden können.

Außer mit Fantasie-Bewusstsein kann das Wahrnehmungs-Bewusstsein zudem *gleichzeitig* mit Emotionen und mit Sprache überlagert sein. Das ist mit dem Modell einfach erklärbar, denn elektromagnetische Felder können sich überlagern (interferieren; ◉ Abb. 7), ohne ihre jeweilige Information zu verlieren. Ein Vergleich aus der physikalischen Akustik, aus der Musik:

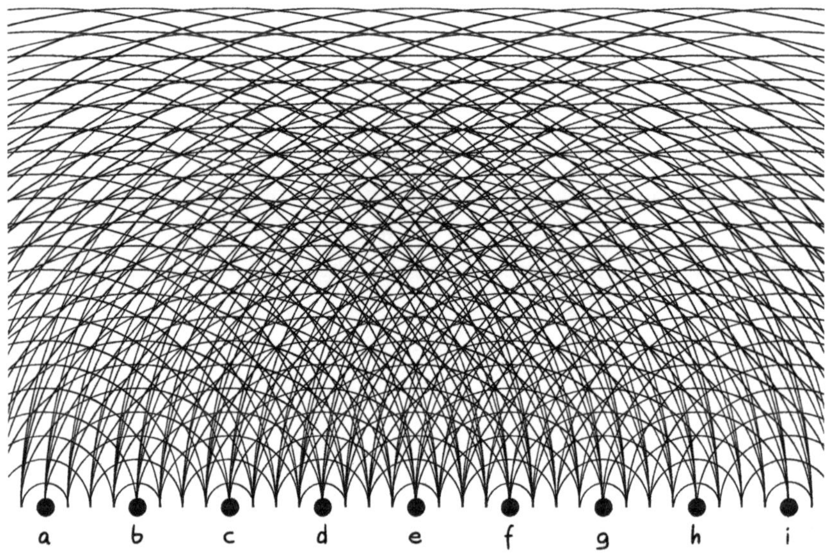

Abb. 7: Überlagerung von Wellen.
Von den Punkten a bis i gehen jeweils Kreiswellen aus. Im unteren Bereich bleibt die Information »Kreiswelle« offensichtlich erhalten. Ein Hörer in diesem Bereich könnte zwei nebeneinanderliegende Schallquellen unterscheiden. Die Wellenüberlagerung in größerem Abstand (oberer Bildrand) zeigt jedoch »ebene Wellen«, das heißt, Wellentäler und -berge bilden Geraden – sie liegen hier waagerecht. Die Information »viele Kreiswellen« ist verloren gegangen –, und wir sind nun gleichsam »auf der Kopfhaut angekommen«. Beziehungsweise könnte ein Hörer dort keine Schallquellen mehr unterscheiden.

> Spielt ein kammermusikalisches Quartett gerade einen vierstimmigen Akkord, dann überlagern sich sowohl die Schallwellen der vier Instrumente unterschiedlicher Klangfarbe als auch die Schallwellen der vier gespielten Noten (Tonhöhen). In der Gesamtüberlagerung – schöne Musik! – können sowohl (geübte) menschliche Hörer als auch KI bzw. Frequenzanalysen die einzelnen Schallanteile identifizieren und zuordnen, obwohl sie – das ist der Sinn der Musik – synchron zu *einem* bewussten Gesamteindruck – zu *einem* Erlebnis! – verschmelzen.

Gemäß dem hier vorgestellten Modell können *aus dem gleichen Grund* psychisch Gesunde bestens zwischen Wahrnehmung und gleichzeitiger Erinnerungsfantasie sowie darüber hinaus auch zwischen Emotionen und Sprache unterscheiden. Für die Erzeugung und Verarbeitung dieser Bewusstseinsphänomene sind nachweislich *verschiedene* Gehirnregionen zuständig, und diese **Dimensionen des Bewusstseins** (vgl. ▸ Kap. 8) werden in *einem Kontinuum* bewusst, das Wahrnehmung, anschauliche Fantasie, Sprache, Emotion umfasst, aber stets in *einem* Bewusstsein (selbst bei Menschen mit Schizophrenie). Dazu lässt sich kaum eine andere Erklärung finden, als dass dabei das physikalische Phänomen der *Überlagerung von Wellen* eine Rolle spielt.

> ■ Bewusstsein ist einem Monitor vergleichbar, der das Kommen und Gehen von APM (in den neurophysiologischen Rekonstruktionszonen und dort mehr oder weniger hochfrequent wiederholt) zeigt. Bewusstsein bleibt stets total passiv.

Denn ein Monitor schreibt weder das Drehbuch des Films, den er zeigt, noch führt er die Regie, und das Geflimmer, was er zeigt, ist auch nicht mit den Schauspielern und Requisiten selbst (den Dingen-an-sich) zu verwechseln.

Leben: nicht mehr und nicht weniger als »Monitoring«.

7 Wie ließe sich das Modell experimentell bestätigen?

Indem man die elektromagnetische Oberfläche in nächster Nähe ihrer Entstehung registriert. (In größerer Entfernung, auf der Kopfhaut, als EEG, ist sie, wie gesagt, zu verwaschen.) Schauen Sie noch einmal auf ⊙ Abb. 6 (▶ Kap. 3). Es ginge experimentell darum, etwas in der Art der rechts gezeichneten »Projektionsfläche« im Gehirn zu installieren:

Das funktioniert im Grundprinzip mit zigtausend Antennen unterschiedlichster Orientierung (da die Informationsträger, die elektromagnetischen Wellen, senkrecht aufeinander stehen, vgl. oben). Die Antennen müssen extrem klein sein, in Nervenzellgröße, also im Mikrometerbereich. Außerdem wandern die Rekonstruktionszonen, da sich Aktionspotenziale prinzipiell immer bewegen: Das ist ihr Wesen. Und der Empfang jeder einzelnen Antenne müsste nach außen geleitet werden: idealerweise auf einen Bildschirm (Monitor!), auf dem der Hirnforscher isomorph und koinzident sähe, was dem Probanden aktuell visuell bewusst ist (Gesichtsfeld)!

Unabhängig von außerordentlich vielen technischen Detailproblemen ist eines sicher: *Eine solche Installation würde die Gehirnfunktion zerstören, die sie nachweisen soll, die neurophysiologische Rekonstruktion und ihre Oberfläche.* Nur *rein theoretisch* würde diese »Projektions-Sensorfläche«, wenn man sie dort platziert, wo *in etwa* die Sehrinde retinotop das Netzhautbild rekonstruiert,[16] genau das Gesichtsfeld zeigen, das dem Probanden gerade bewusst ist. (Das Gesichtsfeld würde dem Hirnforscher natürlich keineswegs *unmittelbar* bewusst.)

---

16 Das Wahrnehmungsbewusstsein könnte auch dort entstehen, wo alle Sinnesdaten aus verschiedenen Organen in *einem Raum* zusammengestellt werden. Denn wir können erleben, dass Schall, Druck, Wärme und visuelle Wahrnehmung (aus *zwei* Augen) an *einem* Raumort stattfinden, obwohl sie auf ganz verschiedenen Wegen ins Gehirn laufen.

»Durch den experimentellen Nachweis wird das zerstört, was man nachweisen will.« – Eine Argumentationsfigur, die Quantenphysikern wohlbekannt ist. Sie nennen das analoge Phänomen »Verschränkung«:

Zwei Quantenobjekte, die aus *einem* stammen, befinden sich nach ihrer Trennung in einem »verschränkten Zustand«. Will man sie dann (nach der Trennung) untersuchen, so ist das nur möglich, indem das Untersuchungsexperiment den Zustand eines der beiden Teilchen *festlegt* und dadurch – übrigens unabhängig vom Abstand der Teilchen *und* ohne jeden Zeitverzug (instantan!) – *zugleich* den Zustand des Partnerteilchens *festlegt*: mit der Folge, dass der dem Experiment *vorangehende* getrenntverschränkte Zustand, in welchem *keine* Festlegung bestand (sondern nur die Möglichkeit einer solchen) zerstört ist. – Kurz: Ein »verschränkter Zustand« ist experimentell nicht nachweisbar.

Trotzdem ist dessen *Fiktion*, dessen *Voraus-Setzung* quantentheoretisch und -praktisch sowie technisch außerordentlich fruchtbar: In den nächsten Jahren wird die Verschränkung bei der Konstruktion von Quantencomputern genutzt werden, um (wegen der instantanen Informationsübertragung) ungeheuerliche Rechengeschwindigkeiten zu ermöglichen (auch beim Einsatz als wesentlicher Baustein von KI).

Genauso verhält es sich mit dem Modell zur »Entstehung« von Bewusstsein: Das lässt sich – wahrscheinlich – experimentell zwar nicht verifizieren. Es entfaltet aber eine außerordentlich breite, tiefgehende und fruchtbare Erklärungskraft für *alle* Bewusstseinsphänomene einschließlich Introspektion und »psychologischer« Phänomene, die an Mensch und Tier sinnlich wahrnehmbar oder neurophysiologisch bzw. mit bildgebenden Verfahren messbar sind; sowie für die Evolution von Bewusstseinen in Gehirnen. Das alles zu entwickeln und im Einzelnen auszubreiten führt hier allerdings zu weit.[17]

Schließlich sei noch einmal daran erinnert, dass schon das »physikalische Feld« (▶ s. o.) eine Voraus-*Setzung* darstellt, die *unmittelbarer* Wahrnehmung oder Messung *nicht zugänglich* ist. In diesem Zusammenhang ist noch einmal darauf hinzuweisen (vgl. den vierten Absatz dieses Kapitels): Jede

---

17 Sie finden mehr dazu in dem Buch »Kommen Wahrheiten zur Welt. Evolution · Zufall · Bedeutung · Ohnmacht des Bewusstseins« (Senske 2023).

Feld-Messung (die dazu nötigen Messgeräte) *verändert* das experimentell zu messende Feld! – Übrigens genau so, wie die Kommunikation von Bewusstseinsinhalten (die, wie gesagt, *unmittelbarer* Beobachtung nicht zugänglich sind) die Bewusstseinsinhalte verändert.

Felder »für wahr zu nehmen« hat sich trotzdem *bewährt*. Anders gesagt:

> ■ Es ist prognosepotent, physikalische Felder voraus-zu-setzen, und es ist umfassend erklärungspotent, das Bewusstsein als elektromagnetische Oberfläche einer neurophysiologischen Rekonstruktion voraus-zu-setzen.

Allerdings ergeben sich aus dem Modell Schlussfolgerungen, die mancher nicht wahrhaben will, unter anderem die »Ohnmacht des Monitors« bzw. die Ohnmacht der »Generalstabskarte« wie auch die totale Zwecklosigkeit von Bewusstsein. Die Zwecklosigkeit der Evolution kommt in der Zwecklosigkeit des Bewusstseins auf den Punkt. (Dass und wie Menschen trotz der Ohnmacht ihres Bewusstseins die Verantwortung für ihr Tun und Lassen tragen – und warum Tiere nicht –, wird in ▸ Teil IV umrissen und im Buch »Kommen Wahrheiten zur Welt« ausgeführt.)

8 Die Fünf Dimensionen des Bewusstseins

Jeder Wachbewusste kann in dem, was ihm bewusst wird, folgende fünf Dimensionen unterscheiden:

1. *Sinnliche Wahrnehmungen*, die durch Reizung von Sinnesorganen (an der Oberfläche oder im Innern des Körpers) induziert werden; innerhalb der sinnlichen Wahrnehmungen lässt sich zum Beispiel Gehörtes von Gesehenem und beides auch von Harndrang und Schmerzen unterscheiden (auch optische Täuschungen),
2. *Emotionen und Empathie* (auch Traumatisierungen, Empathiearmut),
3. *Sprache, Sprachartiges* (auch sprachlich Fantasiertes/Gedichtetes, Kauderwelsch; auch Zahlen und Mathematik),
4. *Handlungsimpulse* (auch Zwangshandlungen),
5. *Fantasievorstellungen*: nicht wahrnehmendes Bewusstes, das wie Wahrgenommenes erscheint, z. B.: Erinnerungen, Träume, Visualisierungen, künstlerisch-bildnerische Vorstellungen, erinnerte oder spontan neu erfundene Melodien, die einem »durch den Kopf gehen« (auch Wahnvorstellungen und [drogeninduzierte] Halluzinationen).

> ■ Außer diesen Fünf Dimensionen wird nichts bewusst.

Für die Fünf Bewusstseinsdimensionen ist Folgendes charakteristisch: *Verschiedene* Dimensionen können *unterscheidbar zugleich* in *einem* Bewusstsein, in *einem* bewussten Augenblick auftreten. Sie überlagern sich dabei transparent (⊙ Abb. 8). Unterdessen ändert sich für einen Wachbewussten der Fokus zwischen Punkt 1 und Punkt 5 *unwillkürlich* und *ununterbrochen*.

Abb. 8: Das doppelt belichtete Foto veranschaulicht die Fähigkeit, zum Beispiel gerade einen Wald vor Augen zu haben und sinnlich wahrzunehmen, während etwa ein bekanntes Gesicht »in den Sinn kommt«, also Erinnertes visualisiert wird.

Jeder kann die Dimensionen voneinander *unterscheiden*. Diese Unterscheidbarkeit der Dimensionen hat nichts mit der Unterscheidung zweier Dinge im Raum zu tun, sie beruht *nicht* auf aktiver Abgrenzung und Vergleichen mit früher Identifiziertem und Identifikation; und nicht auf Isomorphie beim Vergleich von irgendwas. Vielmehr *fällt* diese Unterscheidbarkeit zusammen mit dem Bewusstwerden ganz von selbst unwillkürlich *zu*, sie wird nicht erlernt und ist nicht (v)erlernbar. Sondern ist originär evident.

Anmerkung:

Eine bekannte Normabweichung von dieser Bewusstseinseigenschaft sind Wahnvorstellungen, also Visualisierungen bzw. »Stimmenhören«, die keine Wahrnehmungen sind, aber als ebensolche erscheinen, genau so brillant und klar: für Betroffene *nicht* unterscheidbar von sinnlicher Wahrnehmung. Eine Normabweichung anderer Art innerhalb der unterscheidbaren sinnlichen Wahrnehmungen ist die Synästhesie.

Diese Eigenschaft eines Bewusstseins, zugleich *Eines* zu sein und dabei in Fünf Dimensionen *unterscheidbar*, lässt sich mit dem Prinzip der Überlagerung von Wellen (▶ s. o.) erklären. Denn dabei verschwinden die – in diesem Fall fünf – Anteile/Dimensionen nicht und ergeben trotzdem *ein Ganzes*.

9 Folgerungen aus dem Modell

9.1 Die Illusion des Geist-Körper-Dualismus: Ihre Nebenwirkungen und Überwindung

> ■ Nimmt man evolutionäre, neurophysiologische und aktuelle *Entstehungen* von Bewusstseinen / von »Geist« *miteinander* in Betracht, wie das im Modell umrissen wird, so tritt ein Geist-Körper-Dualismus *nicht* in Erscheinung.

Das Geist-Körper-Dilemma stammt, kurz gesagt, geistesgeschichtlich aus Zeiten *vor* Darwins Entdeckung der Evolution, der *Entwicklung* von Leben und Orientierungsmethoden von Organismen: Erst damit ist die *zeitraubende* Entwicklung von Geist, eine *Evolution* von Bewusstsein und intellektuellen Leistungen, insbesondere Identifikation, Orientierung und Kommunikation von Geistigem, mithin eine »langsame Entstehung des Geistes« der Menschen *und der Früh- und Vormenschen und also auch der Tiere* überhaupt denkbar und zugleich höchstwahrscheinlich geworden.

Dabei kann es *nicht* darum gehen, dass »Geist aus Materie entstanden ist«, da diese Unterscheidung/Abgrenzung nichts anderes als *selbst* ein Orientierungskonzept des Menschen in seinem Lebensraum (bzw. menschlicher Zentralnervensysteme) darstellt, eine Einordnung seiner Stellung und Geschichte in der Natur, *in einem bestimmten Stadium der Evolution von Zentralnervensystemen.*

> ■ Die Phase der Evolution menschlicher Zentralnervensysteme, in der ein »dualistisches Weltbild« vorherrscht und das Selbstbild prägt, wie Menschen sich in der Natur sehen, ist mit dem Modell beendet.

Das Verständnis und einordnende Begreifen des Geist-Materie-Dualismus als Entwicklungsstufe zentralnervöser Weltorientierung ermöglichen uns, das Selbstverständnis des Menschen-in-der-Welt auf eine solidere, wissenschaftlich fundierte, wahrnehmungsbasierte Grundlage zu stellen. Dies erfolgt im fundamentalen Gegensatz zu dualistischen Konzepten des menschlichen Selbstverständnisses, die letztlich allesamt religiöser Provenienz sind: reine, leere Sprach-Fantasien, die mit nichts außerhalb ihrer selbst übereinstimmen, deren Vertreter aber (im Unterschied zu Künstlern und ihren Werk gewordenen Fantasien) das Gegenteil behaupten und dies nicht selten gewalttätig verteidigen.[18]

Wir sind nicht Geschöpfe eines transzendenten Gottes »jenseits« der Natur, sondern Geschöpfe der natürlichen Evolution mit ihren unendlich vielen Zufällen, begreifbaren Gesetzmäßigkeiten und ihrer ebenso unbegrenzten Zweck- und Ziellosigkeit. Dieser fundamentale Perspektivenwechsel zeigt unsere Spezies als *eine von vielen in einem globalen, in Evolution befindlichen Ökosystem.* Zum neuen Selbst-Bewusstsein gehört: Jeder Mensch kann sich der Leistungen und Grenzen seines Bewusstseins bewusst werden: Was Sie als Leserinnen und Leser bei der Lektüre dieses Buches hoffentlich erlebt haben. – Während der Evolution des Bewusstseins spielen Naturgesetze, der Zufall und unter anderem auch elektrische und magnetische Felder eine Rolle: diese Phänomene, diese immer auch zweckoptimierten Fiktionen lassen sich nicht ansatzweise begreifen, wenn man sie oder indem man sie in ein Geist-Materie-Schema zwängt. Das ermöglicht es allerdings, diese (höchst wahrscheinlichen) Wahrheiten zu ignorieren.

> ■ Ich kann nur das erkennen, was mir bewusst wird. Wenn ich aber erkenne, wie das Bewusstwerden funktioniert (infolge seiner Evolution, seiner Neurophysiologie und: jetzt), verfüge ich über die ultimative Selbst-Erkenntnis und damit über die größtmögliche Autonomie.

Dank dieser Autonomie werden der Geist-Materie-Dualismus und religiöse Lehren obsolet, die den Dualismus weltblind repetieren, weil das die gesellschaftliche Stellung der Prediger des Dualismus stabilisiert und – zwei

---

18 Aus erkenntnistheoretischen Gründen muss geklärt werden, wie und zu welchen Zwecken Menschen fantasieren: wie das Fantasieren in der Evolution entstanden ist. Hinweise finden Sie in ▸ Teil IV; sehr ausführliche Infos zur Nichtigkeit religiöser Leeren (sorry: Lehren!) in Senske (2023).

Fliegen mit einer Klappe – weil es verhindert, dass die Menschen *sich in ihren Gemeinschaften selbst* autonom organisieren.

Die dualistische Unterteilung wird dem Menschen unter anderem nahegelegt durch einen jederzeit erlebbaren Detailprozess des Bewusstwerdens: die *scheinbar* »zeitlose« Spontaneität von Ideen, Sprachbeschreibungen, Emotionen und Handlungsimpulsen. Diese fallen »gefühlt« ohne jeden Zeitverzug und aus dem Nichts ein. Das Auftreten von solcherart *Geist* unterscheidet sich damit eindeutig von der zeitraubenden Trägheit aller Bewegungen und qualitativen Veränderungen der wahrnehmbaren Dinge, der *Körper* (auch des eigenen: »Der Geist ist willig, der Körper träge.«).

Wir erleben in unserer Bewusstseinsdimension »Wahrnehmung« die zeitraubende Trägheit der Materie und all ihrer raumgreifenden Prozesse (isomorph und koinzident rekonstruiert, daher wahr!). In allen anderen Bewusstseinsdimensionen erleben wir den *bunten Strauß der in Null-kommanichts wechselnden Bewusstseinsinhalte, die auch keinen Raum beanspruchen.* – Das ist einer der Hintergründe für die ausführliche Auseinandersetzung auf diesen Seiten mit dem Bewusst*werden* der visuellen *Wahrnehmung* und dem zugrunde liegenden isomorphen und koinzidenten zeitraubenden *Rekonstruieren* der neurophysiologischen Rekonstruktion.

Wir durchschauen nun den Geist-Materie-Dualismus als Illusion, indem wir über diese Illusion hinwegschauen zu Modellvorstellungen von *Prozessen*, in denen Bewusstsein *entsteht*: Zu zweckoptimierten Fiktionen wie dem hier vorgetragenen Modell.

Auch der Dualismus war eine zweckoptimierte Fiktion, schließlich hat er jahrtausendelang das Selbst- und Weltbild des Menschen geprägt, unseren Vorfahren Orientierung verschafft, insbesondere im sozialen Zusammenleben Stabilität gewährleistet. Heutzutage können drei **Nebenwirkungen des Geist-Körper-Dualismus** nicht mehr übersehen werden:

- Die Lehrer der religiösen Lehren, die aus dem dualistischen Weltbild entwickelt wurden, haben ihre Lehren ausnahmslos auch dazu genutzt, sich über die Belehrten zu erheben, Macht auszuüben, ihren sozialen Status zu erhöhen und diesen gegebenenfalls gewaltsam (psychisch und körperlich) zu verteidigen. Der erste Schritt auf dem Weg nach oben war die – letztlich willkürliche – Abgrenzung von Gläubigen gegen Ungläubige. Denn »natürlich« *herrscht* transzendental gerechtfertigter Geist über die geistlos üppig herumliegende Materie – aus Fleisch und Blut.

- In dem gleichen Geist eignet sich dualistische Denke perfekt, um demokratische Gesellschaftsverfassungen zu verhindern und autokratische Gesellschaftsformen zu rechtfertigen: die Herrschaft derjenigen, die privilegierten Zugang zum transzendenten, übersinnlichen Geist haben (»Kaiser von Gottes Gnaden«; Theokratie; »Unfehlbarkeit« des Papstes) – und daher die geistlose, naturtriebgesteuerte Fleisch-Masse beherrschen dürfen – nein, müssen –, damit diese bedauernswerten Menschen nicht leben wie die Tiere. – Dualistische Denke, die willkürliche Abgrenzung eines Geistes gegen die Körper, *ist* Basis und Nährboden für jede Art von Ideologie, Fanatismus und Nationalismus und sonstige fantasievolle Abgrenzungen der einen Menschengruppe gegen die andere: Fantasien, denen nichts entspricht. Und die Sektenführer, die Führer der Nazion, die Theokraten und ideologischen Fundamentalisten führen sich auf wie ein gezündeter Airbag: Erst blasen sie sich auf, dann sind sie prall.

- Der dem Dualismus zugrunde liegende existenzielle Irrtum hinsichtlich der Stellung des Menschen in der Natur – als Geist über der Materie – ermöglicht überhaupt erst die globale Naturzerstörung im Geiste des »technischen Fortschritts«.

Ausblick:

Wenn jeder Mensch sich seines Bewusstseins bewusst ist, dessen Herkunft, Funktion und entsprechender Leistungen und Grenzen gewärtig – geistesgegenwärtig –, dann ist die umfassendste und gründlichste Aufklärung des Menschen in Natur und Gesellschaft geleistet. Solcherart aufgeklärte Menschen verhalten sich, stetig bestätigt aus ihrer Selbst-Erkenntnis, kooperativ, verantwortungsvoll, empathisch und sind nicht manipulierbar.

9.2 Künstliche Intelligenz

> ■ KI kann niemals zu Bewusstsein kommen, da sie keine der hier zusammen-
> gestellten Bedingungen für Bewusstsein erfüllt.

Abgesehen davon wird KI komplexere Identifikationsaufgaben effizienter lösen können als wir Menschen. (Zur Erinnerung: Menschen identifizieren *ebenfalls* unterbewusst-automatisch: Identifikation fällt als Einfall in die Rekonstruktion ein – oder eben nicht.)

KI wird darüber hinaus als generative KI antizipierende (Re-)Konstruktionen zur Zukunftsgestaltung und Folgenabschätzung[19] unter komplexeren, multifaktoriellen Bedingungen weiter optimieren, dabei aber immer bewusstlos bleiben.

Wir haben erkannt, dass mitmenschliches Bewusstsein nicht unmittelbar wahrgenommen oder sonst irgendwie unmittelbar bewusst werden kann: daher ist die Annahme »Mein Gegenüber ist ebenfalls bei Bewusstsein« nicht mehr und nicht weniger als eine – vor allem sozial – bewährte Hypothese oder Fiktion oder Projektion. Wenn KI die Fünf Dimensionen des Bewusstseins – was davon sinnlich wahrnehmbar ist – *sehr gut imitieren würde*, und dann auch noch in Menschengestalt daherkäme, dann könnte es schwerfallen, Bewusstsein *nicht* in sie zu projizieren. Es wird aber sicher preiswerter sein, einfach ein Kind zu zeugen.

Schließlich erlaube ich mir zu behaupten, dass KI einen Text wie diesen niemals wird produzieren können, da sie mangels (transparentem) Fantasie-Bewusstsein (◉ Abb. 8) nicht zur Introspektion fähig ist.

9.3 Weltgeist und Gesamtbewusstsein

Einer verbreiteten Fantasievorstellung zufolge verfügt alles Leben hier und auf den anderen blauen Planeten und überhaupt die reiche, volle und ganze Welt, das unermesslich weite Universum, insgesamt über eine »universale

---

19 Letztere gelingt auch menschlichen *Zentralnervensystemen* mittels ihrer Fantasie-Rekonstruktion (▸ Teil IV).

Gesamtrekonstruktion«, auf der ein »Gesamtbewusstsein« erscheint. Es ist die Fantasie vom »Weltgeist« oder von »Gott«. Im dualistischen Weltbild schwebt dieser große Geist »natürlich« »über« der materiellen Welt oder, noch abgehobener: im hoch- und reingeistigen Jenseits vom tumben Diesseits.

Dieses »Gesamtbewusstsein« ist einerseits nicht begründbar, da das Universum im Großen und Ganzen offensichtlich keine der neurophysiologischen Bedingungen für Bewusstwerdung erfüllt, außerdem keinen Orientierungsbedarf hat und sich folglich zu diesem Zwecke nicht (selbst und total) rekonstruieren muss: weil es keine Ziele verfolgt. (Denn alles, was entsteht, geht auch wieder unter.)

Und andererseits ermöglicht die (kleine Menschen-)Fantasie vom »universalen Selbstbewusstsein« keine Prognosen, die sich prüfen lassen; sie ist also eine überflüssige, nichtsnutzige Annahme. – Allerdings können wir Menschen Naturgesetze ermitteln, die, trotz aller Zufälle, wahrscheinlich zutreffende Prognosen erlauben. Die Fantasievorstellung, »der Weltgeist regiere die trägen Weltdinge mit seinen (Natur-)Gesetzen«, ist nicht nur offenkundig ein Kind des Dualismus und kann sich allein schon deshalb nur irren. Vielmehr verschafft sie keinerlei »neuartige/erweiterte« Orientierung: mangels eigener Prognosepotenz. Eine »Weltherrschaft« von irgendwas lässt sich durch keine Wahrnehmung oder Messung bestätigen. Es ist eine Fiktion, die *offensichtlich* keinen Zweck erfüllen kann.

Anders gesagt: Die Fantasie vom »Weltgeist-Weltherrscher« unterscheidet sich in ihrer Leere von den ebenfalls »nur von Menschen« fantasierten Naturgesetzen (inklusive des Energiebegriffs): Letztere sind, sofern sie auch den Zufall aus dem Nichts einrechnen, hochgradig prognosepotent. Aber auch die statistischen Naturgesetze (etwa das Energieerhaltungsgesetz) »herrschen« nicht im Universum – quasi »bewusst« in der Alltagsbedeutung wie »Den habe ich jetzt bewusst vor den Schrubber laufen lassen«:

> ■ Die Naturgesetze beherrschen die Materie nicht, sondern beschreiben deren regelmäßige Veränderungen. (Ein etwa anhand des physikalischen Energiebegriffs herbeifantasierter »Gott« ist also weder allmächtig noch allwissend [Zufall!].)

> ■ Vielmehr *beschreiben* Naturgesetze zukünftige Geschehnisse *aus ZNS-Sicht* isomorph und koinzident und prognosepotent – verlässlich, aber niemals hundertprozentig.

9.4 »Was dürfen wir hoffen?« (Immanuel Kant)

Die Erwartungen »Ich schaff's« oder »Alles wird gut«, die positive oder mutige Folgenabschätzung, die *Hoffnung*, die Gelingen und Heilung in der Tat befördern kann (dazu gehören auch: Placeboeffekt, Suggestion und Autosuggestion, selbsterfüllende Prophezeiung; vgl. ▶ Teil IV), entfalten ihre Wirkung nachweislich ebenso ohne jeden »Glauben an den bedingungslos guten Weltgeist«. Viel wichtiger ist, dass *lebendige Menschen*, denen Vertrauen *geschenkt* wird, dabei eine prominente Rolle spielen.

Nehmen wir zur alltäglichen Verlässlichkeit der uralten Selbstheilungskräfte (im Alltag: Wundheilung, »Sich-gesund-Schlafen«) und zu den vielen sozialpsychologischen Bedingungen, die ein resilientes Selbstbild und illusionslose Zuversicht befördern (im Alltag: ein verlässliches soziales Umfeld, Geborgenheit) – diese Erkenntnis neu in den Blick: Jeder Zeitgenosse darf sicher sein, überlebender Spross aus äonenaltem Geschlecht zu sein, und alle, ausnahmslos alle seine Vorfahren haben seit Jahrmillionen die brutalsten, überraschendsten Widrigkeiten *überlebt*. Aus diesem tiefen Brunnen schöpfen wir. Ebenso wie *alle* zeitgenössischen Lebewesen!

Und *jetzt* kannst du nicht nur rekonstruieren, *dass* du lebst. (Das können alle Menschen, aber weder Amsel noch Orang-Utan noch Delfin; dazu fehlt es ihnen höchstwahrscheinlich an Fantasie). Sondern auch, *wie* dir das bewusst wird.

Ist eine umfangreichere **Aufklärung über das Menschsein** möglich?

Teil IV:
Einordnung von Bewusstsein
in die Evolution des Lebens
mit den Drei Rekonstruktionen

Die isomorphe und koinzidente, zur Optimierung ihrer Verarbeitung und Nutzung hochfrequent wiederholte neurophysiologische Rekonstruktion ist die Grundlage, besser (weil nicht kausal konnotiert): die Bedingung der Möglichkeit des bewussten Gesichtsfelds.

Diese *Wahr-Rekonstruktion* (sie ist »wahr«, weil sie dem Organismus ein wahres, das heißt orientierungstaugliches Bild seines Lebensraumes als Grundlage für zielführende Handlungen zur Verfügung stellt) steht in der Evolution des Lebens auf der mittleren von drei Stufen, von drei aufeinander aufbauenden Rekonstruktionen.

Die *Bedeutung des Rekonstruierens* zur »Erzeugung« der bewussten Wahr-Rekonstruktion zeigt sich augenfälliger, wenn sie in den Kontext der zwei anderen Rekonstruktionen gestellt wird, welche die großen Stufen der Evolution charakterisieren: der zeitlich vorangehenden Ersten Rekonstruktion und der auf die Zweite aufbauenden Dritten Rekonstruktion. Die Wahr-Rekonstruktion in den umfassenden Zusammenhang von »Drei Rekonstruktionen« zu stellen verhilft dem Modell zu einer »Plausibilität aus dem Gesamtzusammenhang ›Leben‹«.

Um Missverständnissen vorzubeugen: Wenn von »Stufen« gesprochen wird, sind selbstverständlich *Fließende Übergänge in kleinsten Schritten* gemeint, die sich über Jahrmillionen hinziehen. Die Unterteilung in »Drei Rekonstruktionen« erleichtert unser menschliches Verständnis, enthält aber angesichts der originär kontinuierlichen Entwicklung einen Sachfehler. Doch wir begreifen leichter in Schubladen als dass wir verstehen: »Alles fließt« (Heraklit).[20]

---

20 Weitere Details zu den »Drei Rekonstruktionen der Evolution« und darüber hinaus zu den »Großen Entwicklungen« wie auch zum Thema »Fließende Übergänge und Abgrenzung« finden sich im wiederholt erwähnten Buch »Kommen Wahrheiten zur Welt«.

Die Erste Rekonstruktion

Das Leben begann mit Molekülen, die mittels einer dafür günstigen Umgebung (Ursuppe) sich selbst rekonstruieren konnten.

> ■ Die *Erste Rekonstruktion* – und damit der Beginn von Leben überhaupt – ist die Selbst-Rekonstruktion von Molekülen in einer begünstigenden Umgebung, der Ursuppe.

Die aktuell noch existierenden »Nachfahren« dieser Selbst-Rekonstruierer sind die Riesenmoleküle der heutigen Zellkerne, die DNA. Deren Job ist immer noch die Selbstreplikation im Rahmen von Zellteilung/Wachstum und Fortpflanzung. Und heutzutage sorgt die DNA über die Selbstverdopplung hinaus qua Zellstoffwechsel zusätzlich dafür, dass die für ihre Selbst-Rekonstruktion nötige »günstige Umgebung«, die Ursuppe (genauer: deren moderne, im jeweiligen Organismus erforderliche spezielle Zusammensetzung, das Zellplasma) rekonstruiert wird. Das heißt: Der DNA-gesteuerte Stoffwechsel sorgt dafür, dass das Zellplasma immer genug Molekülmaterial bereithält, um Zellteilung und damit DNA-Selbstrekonstruktion zu ermöglichen.

Die Zweite Rekonstruktion

Die ersten Selbstverdoppler entstanden wohl vor rund 4 Mrd. Jahren, also etwa 500 Mio. Jahre nach der Entstehung der Erde. Vor circa 500 Mio. Jahren (oder vor 700 Mio. Jahren, das ist schwer zu ermitteln) entwickelten die »groß und stark« gewordenen, mittlerweile vielzelligen Selbst-Rekonstruierer unter anderem Sinneszellen, Muskelzellen und zu Nervensystemen vernetzte Neuronen sowie deren Koordinationszentralen (Welcher Reiz wird durch welche Reaktion beantwortet?), die Gehirne, und mit ihnen die Zweite Rekonstruktion, die neurophysiologische Wahr-Rekonstruktion.

> ■ Mit der Zweiten Rekonstruktion rekonstruieren seitdem Tiere in ihrem Inneren (im Gehirn) ihren Außenraum und ihre Körpergestalt sowie deren Veränderungen, soweit das für ihr Überleben und die Arterhaltung relevant war und ist.

Irgendwann ist diese neurophysiologische Rekonstruktion – ausschnittsweise und zu bestimmten Zeiten und unter den beschriebenen Bedingungen (siehe »das Modell«) – bewusst geworden.

Anmerkung:

Von Beginn an war der evolutionäre Zweck der Gehirne bzw. der Rekonstruktionen *nicht* eine »Erkenntnis der absoluten Wahrheit« oder »Annäherungen« an eine solche, sondern: Orientierung im *Lebensraum*. Das heißt: Es ging um Orientierung in der Umwelt, *nur* soweit sie für Überleben und Arterhaltung nützlich war. Orientierung in der physikalisch-chemischen Realität, in der Welt-*an-sich*, die vielleicht zur »Erkenntnis einer absoluten Wahrheit« führen würde, war nicht »Ziel« der Zweiten Rekonstruktion. (Welchen Vorteil für das Überleben hätte diese »absolute Wahrheit«?)

Im Übrigen entstanden die Rekonstruktionen zu keiner Zeit zielgerichtet, sondern allein durch Bewährung von Zufällen im Sinne von Zufallsfolgen. Außerdem kann eine Rekonstruktion unmöglich *ideal* mit irgendetwas übereinstimmen. Rekonstruktion und Original können zwar in mancherlei Aspekten übereinstimmen, bleiben aber prinzipiell zwei verschiedene Phänomene. Übereinstimmungen nennen wir *wahr*. (Bei der Wahrheit der Wahrnehmung, im Modell, geht es konkret um Isomorphie und Koinzidenz.) Anders gesagt: »Absolute Wahrheit« ist ein Fantasiebegriff (▸ s. u.: Dritte Rekonstruktion), ein *leerer Begriff*, der mit nichts außerhalb seiner Buchstabenfolge übereinstimmt.

Bevor Gehirne lernten, Rekonstruktionen zu entwickeln, die sich mittels Versuch und Irrtum als orientierungstauglich zu bewähren hatten und dazu mit Dingen und Prozessen irgendwie übereinstimmen mussten, stimmte das Universum allein nur mit sich selbst überein, ideal-identisch: Vor dem Auftreten neurophysiologischer Rekonstruierer existierte keine Wahrheit. (Diese ist – eine Erfindung der Evolution!) – Absurd und überflüssig anzunehmen, dass das Universum als Ganzes ein Bewusstsein von sich selbst habe (▸ s. o.)!

Weder Energie noch Naturgesetze »schweben« als »eigentliche« oder womöglich »absolute« Wahrheiten »über« dem Universum oder »im Innersten« desselben (oder als »höchste Wahrheiten jenseits von Zeit und Raum«). Das sind leere Fantasien (Begriffserklärung s. unter Fantasie-Rekonstruktion), die keine Zusammenhänge erhellen, sondern über das Universum-an-sich täuschen und zu keiner Prognose taugen.

Die Brücke von Immanuel Kant zu Charles Darwin

Immanuel Kant hat mit seinem Denken die »kopernikanische Wende« der Philosophie vollzogen, indem er den vernunftbegabten Blick von den

Dingen und Prozessen in der Welt, vom Erkannten, abwandte,[21] gleichsam rückwärts wandte hin zum Erkennen, zu den geistig-bewussten Voraussetzungen von Erkenntnis, wie sie sich durch Introspektion in das Bewusstsein und logische Argumentation erschließen. Kants so gewonnene Einsichten in das menschliche Erkenntnisvermögen reichen von der Feststellung der Unerkennbarkeit der Dinge-an-sich (die in diesem Buch eine zentrale Rolle spielt) über den A-priori-Status von Raum und Zeit[22] bis hin zu der Erkenntnis, dass die Kategorien des menschlichen Begreifens wie etwa die Kausalität vom Denkvermögen bereitgestellt werden (und ebenfalls nicht »an sich vorliegen«). – Raum und Zeit und die Kategorien, in denen Lebewesen ihre Wahrnehmungen ordnen, sind, mit den Worten Kants: die Bedingungen der Möglichkeit von Erfahrungen, lateinisch: a priori.

Die kopernikanische Wende von Kant bestand im Wechsel der Perspektive von außen nach innen: weg von Kosmos, Natur, Menschengesellschaft und Gott hin zu den Bedingungen der Möglichkeit, von alledem zu denken und zu reden.[23] Das ist die zentralnervöse Neurophysiologie. (Die ist übrigens auch die Bedingung der Möglichkeit dafür, von »zentralnervöser Neurophysiologie« zu reden.)

»Das Gehirn denkt, dass es denkt.«
Richard Kirchlechner

Wo ist die Brücke von Immanuel Kant zu Charles Darwin und zur Evolution?

> ■ Bedingung der Möglichkeit von Erkenntnis ist unser Zentralnervensystem mit dem Gehirn als oberste Instanz.

---

21 Zugleich von religiösen Spekulationen über Gott-und-die-Welt

22 »A priori« heißt gemäß Kant: Raum und Zeit gelangen *nicht* durch sinnliche Wahrnehmung von *an sich vorliegenden* »Außenraum« und »Außenzeit« ins Denkvermögen, sondern werden vom Denkvermögen »*vor* jeder Erfahrung« bereitgestellt, unvermeidlich (in aller Ausführlichkeit vgl. Senske 2023).

23 Auf eben diesem Weg zeigten sich erstmals die Grenzen des Erkenntnisvermögens. Sie werden in diesem Buch und noch eingehender in »Kommen Wahrheiten zur Welt« ausgeleuchtet.

So können wir heute mehr als 160 Jahre nach Darwins bahnbrechender Veröffentlichung seiner Entdeckung der Evolution des Lebens in allen seinen Gestalten und Äußerungen formulieren. Das Gehirn ist die Bedingung der Möglichkeit jeder menschlichen Erkenntnis wie auch der Fünf Dimensionen des Bewusstseins. Und damit auch seine eigene Randbedingung: die Bedingung der Grenzen der Erkenntnisfähigkeit.

Kant wusste nichts von der Evolution des Lebens.[24] Umso erstaunlicher ist Kants geistesgeschichtliche Leistung in deren Unkenntnis. Nicht weniger erstaunlich ist Darwins Leistung der naturwissenschaftlichen Fundierung von Kants kopernikanischer Wende.

Mein Selbstverständnis als Autor geht dahin, den skizzierten Zusammenhang zwischen Kant und Darwin in allen heute bekannten Details – von denen beide Protagonisten nichts ahnen konnten – aufzuzeigen und auszuarbeiten. Dazu dient die Zusammenschau aller drei Perspektiven Introspektion, Evolution und Neurophysiologie.

Die Dritte Rekonstruktion

Während zig Jahrmillionen der Entwicklung unserer Erde und des Lebens vergehen, entwickelt sich die *Dritte Rekonstruktion*. Wie die Zweite wird sie teilweise bewusst. Die Dritte Rekonstruktion nutzt die Zweite gleichsam als Steinbruch und rekonstruiert sie erneut: mehr oder weniger originalgetreu oder – zu bestimmten, wichtigen Zwecken – variiert. *Im Prinzip ist die Dritte Rekonstruktion eine Rekonstruktion der Zweiten.* Sie muss keine originalgetreue Eins-zu-eins-Rekonstruktion sein, sondern kann auch eine freie Konstruktion sein. Allgemein gesagt: In der Dritten Rekonstruktion kann das ZNS mit Elementen der Zweiten Rekonstruktion *spielen.* Oder sich »streng dokumentarisch, also eins zu eins«, *erinnern.*

> ■ Die Zweite oder Wahr-Rekonstruktion ermöglicht Orientierung in der Gegenwart, die Dritte Rekonstruktion, mit Elementen der Zweiten spielend, Orientierung in der Zukunft und deren Gestaltung.

---

24 Allerdings hat Kant sich erfolgreich mit der »Evolution« – der Entwicklung – von Planeten und des Sonnensystems beschäftigt.

Als Dritte Rekonstruktion haben sich in der Evolution zwei unterschiedliche Methoden des Umgangs mit der Zweiten Rekonstruktion entwickelt – deren Entwicklung sich gegenseitig befruchtet hat:

- Einerseits kann die Wahr-Rekonstruktion in Gestalt von Sprache noch einmal rekonstruiert werden: im einfachsten (und evolutionär ältesten) Fall rekonstruieren Symbole Wahrnehmungen: *Sprach-Rekonstruktion*.
- Andererseits kann die Wahr-Rekonstruktion von Dingen und Episoden – im einfachsten Fall – szenisch erinnert und dabei als sinnliches Erlebnis wiederholt werden – *Fantasie-Rekonstruktion*.

Die Sprach-Rekonstruktion der Wahr-Rekonstruktion

Viele Tiere können bestimmten Dingen und Prozessen einen Signallaut zuordnen. Das ermöglicht ihnen, Teile ihrer individuellen Wahr-Rekonstruktion, etwa identifizierte andere Tiere und deren Bewegungen, zu kommunizieren und dieselbe dadurch *miteinander* zu verfeinern: zum allseitigen Nutzen. – Erwachsene Menschen können alles, was sie wahrnehmen, präzise *beschreiben* (nachdem sie die wechselseitige Zuordnung »wahrgenommenes Ding/Prozess ↔ Wort« in der frühen Kindheit erlernt haben). Die beschrieben-besprochene Welt kann die wahrgenommene also einerseits wahrheitsgetreu abbilden: was die Orientierung in einer Gruppe vielfach – jeder kommunikative Beobachter ein Plus! – verbessert und damit die Chance des Überlebens und Gedeihens der gesprächigen Gruppe.

Menschen können aber auch Sprachbegriffe neu, andersartig sowie ganz beliebig und frei kombinieren: Sprach-Spiele! Das führt einerseits zu spannenden und lebendigen Geschichten, zu berührender Dichtung und ergreifendem Gesang wie auch zu lustigem Nonsens und Gaga. Andererseits lassen sich durch das Reden miteinander in der sprachmächtigen Gruppe *Zukunftspläne besprechen und zusammenstellen* und *gemeinsam unter Einbringungen vieler individueller Erfahrungen auf Realisierbarkeit prüfen*: vorab als gefahrlose Trockenübung, als Antizipation-im-Gespräch von zukünftigen Lebensverhältnissen und Vorhaben und Gefahren und Chancen. Auch möglich, dass Konflikte in der Gruppe nicht körperlich – gewaltsam –

ausgetragen werden (was zur Verkleinerung und Schwächung der Gruppe führen kann und zum Verlust von Erfahrungen), sondern ebenfalls im Gespräch: wieder als gefahrlose Trockenübung.

In der *Präzisionssprache der Mathematik* können schließlich *Naturgesetze* beschrieben – zweckmäßig zusammengebastelt (induktiv und deduktiv) – zweckmäßig fingiert! – werden, die präzise, aber ausnahmslos statistische Prognosen über bestimmte natürliche oder technisch-handwerkliche Abläufe errechnen lassen. Insbesondere die Kenntnis von Regelmäßigkeiten – sie lassen sich nicht anders als durch Sprache *beschreiben* – ermöglicht *Orientierung in der Zukunft*.

Die Fantasie-Rekonstruktion der Wahr-Rekonstruktion

Diese steht Ihnen vor Augen, wenn Sie sich daran erinnern, was Sie gerade eben gesehen oder gehört haben. Oder wenn Sie eine eingängige Melodie nachpfeifen. Dabei ist festzuhalten: Im *Gedächtnis* werden keine »Screenshots vom Gesichtsfeld« gespeichert, sondern grobschematische, vereinfachte Skizzen von Wahr-Rekonstruktionen. Die sinnennahe Fantasie-Rekonstruktion aus dem Gedächtnis ist, wie schon gesagt, der Wahr-Rekonstruktion im Bewusstsein stets »transparent überlagert«. (Wie übrigens die Sprach-Rekonstruktion auch: Jeder kann auf alle Dinge in seinem Gesichtsfeld einen »Zettel mit dem Wort für das Ding aufkleben«: in seiner Fantasie!)

Über ein Erinnern hinaus können – nicht nur – Menschen auch mit erinnerten Bewegungssequenzen, mit Einzeldingen und Teil-Strukturen und deren Veränderungen spielen. Beispielsweise indem sie an eine aktuell wahrgenommene Bewegung eine erinnerte Bewegung – »so wie immer« – anstückeln und dadurch in ihrer Fantasie vorhersehen, wie und wohin die Bewegung wahrscheinlich weitergeht (Bewegungsextrapolation). Allgemein erlaubt die Fantasie-Rekonstruktion, Regelhaftigkeit (Prozesse, die sich oftmals ähnlich wiederholt beobachten lassen) zu identifizieren und diese Regelmäßigkeit zu fortzuschreiben, zu extrapolieren. (Letzteres heißt bei der künstlichen Intelligenz »generative KI«.) Im Alltag ermöglicht das die Abschätzung der Folgen des eigenen Handelns für sich selbst und alle Betroffenen. Und da jeder die Folgen seines Handelns und Redens abschätzen kann – auch empathisch –, ist er für sein Handeln und Reden verantwortlich.

10 Beispiele für Fantasie-Rekonstruktionen

Wissenschaft. Zu den Regelmäßigkeiten, die von Menschen von früh an genau beobachtet und sodann benutzt wurden, um lebenserhaltende Vorhersagen aufzustellen, gehören das Pflanzenwachstum und die Bewegungen von Tierrudeln im Jahreslauf und – dazu passende – astronomische Beobachtungen, insbesondere die Höhe des Sonnenstandes im Zenit. Nicht zu vergessen die »signifikant auftretende« Heilwirkung von Pflanzen- oder Tierbestandteilen.

> ■ Die Kombination mathematischer Beschreibungen mit anschaulichen Vorstellungen, die Kombination mathematischer Sprach-Rekonstruktion (Formeln) und anschaulicher Rekonstruktion (Modellvorstellungen) erlaubt schließlich das Aufstellen der zweckoptimierten Fiktionen der Wissenschaften.

Die Wissenschaft ermöglicht auf diesem Wege,

- die verschiedensten Phänomene »auf *einen* Nenner« zu bringen, verschiedene Phänomene aus *einem* Konzept herzuleiten: *Musteridentifikation und Komplexitätsreduktion,*
- die *Folgenabschätzung* von Prozessen (Prognostik).

Diese Ziele optimieren Wissenschaftler aktuell unter immer umfangreicherer Zuhilfenahme von künstlicher Intelligenz. Die bewährten Erklärungsmodelle und Berechnungsformeln, die bewährten wissenschaftlichen Fiktionen erfüllen ihren Zweck. Die Technik funktioniert. Die Medizin verlängert Leben und heilt.

Kunst. Die Fantasie-Rekonstruktion eröffnet den weiten, kreativen und beglückenden Raum der bildenden Kunst.

Räumliches Sehen. Die Raumtiefenerkennung wie auch die Fähigkeit, sich selbst und die eigene Situation von oben zu »betrachten«, sind Leistungen der erfahrungsbasierten – im Kindesalter mühsam erlernten –

Fantasie-Rekonstruktion. Diese Fantasie bewährt sich im Alltag bestens zur – auch sozialen – Orientierung.

Verantwortung. Mithilfe seiner Fantasie kann jeder Mensch abschätzen, welche Folgen seine Rede- und Handlungsvorhaben wahrscheinlich, also erfahrungsgemäß, haben werden. Auch für ihn selbst. Die Folgen lassen sich überdies auch empathisch abschätzen (▶ Kap. 11): die Folgen für die emotionale Befindlichkeit der von einer Rede oder Handlung betroffenen Menschen (und Tiere).

■ Wegen der Fähigkeit zur – auch empathischen – Folgenabschätzung-in-der-Fantasie trägt jeder Mensch die Verantwortung für sein Reden und Handeln.

Mitmensch-Bewusstsein. Dass andere Menschen gleichfalls ein Bewusstsein haben, ist ebenfalls eine Fantasie (»Theorie des Geistes«), genauer: eine Projektion. Denn niemand kann Bewusstseinsinhalte anderer sinnlich wahrnehmen oder ihrer anderweitig *unmittelbar* bewusst werden. Diese Fantasie vom Mitmensch-Bewusstsein liegt jeder sozialen Orientierung unter Menschen unausgesprochen und selbstverständlich zugrunde; Empathie (▶ Kap. 11) fundiert diese Fantasie, verankert sie im Selbstbild. – Manche Tierarten sind wahrscheinlich empathisch, beispielsweise bei der Aufzucht ihres Nachwuchses, aber vom Mittier-Bewusstsein fantasieren sie wahrscheinlich genauso wenig wie von einem eigenen Bewusstsein.[25]

Anmerkung:

Dass die Fantasie- und Sprach-Rekonstruktion ebenso ausgelesen wird – zum Zweck der Handlungsauslösung – wie die Wahr-Rekonstruktion, auch ebenso unwillkürlich-unterbewusst, das erklärt die Effekte von Suggestion, Autosuggestion und Placeboeffekten.

---

25 Dass verschiedene Tierarten ihre Körpergestalt in einem Spiegel identifizieren können – isomorph! – ist »nur« eine Identifikationsleistung im Raum. Aber kein Hinweis darauf, dass ein Tier in seinem Fantasie-Bewusstsein sein Wahr-Bewusstsein rekonstruieren kann (wie Menschen es können): Tiere haben (sehr wahrscheinlich) kein Bewusstsein ihres Bewusstseins. Folgerichtig fehlt ihnen die Fantasie, dass Artgenossen ein Bewusstsein haben. Weil Tiere die Folgen ihres Handelns für ein Mittier-Bewusstsein nicht abschätzen können, können sie keine Verantwortung tragen.

Gerechtigkeit. Fantasie – allein Fantasie – erlaubt Vergleiche sozialer Situationen. Beispielsweise zwischen mir als Arbeitnehmer und einem Mitarbeiter in der gleichen Position – oder in früheren Zeiten. Oder zwischen mir als Kind meiner Eltern und anderen Kindern anderer Eltern. Oder zwischen meinen Schulleistungen und denen von Klassenkameraden. Das Vergleichen irgendwelcher Dinge und Prozesse ist eine Urfunktion von Zentralnervensystemen, die in der Evolution *zuerst* etabliert wurde, um überhaupt irgendetwas identifizieren (wieder-erkennen!) und sich mithin orientieren zu können. Und schon in dieser »Gründungszeit der neurophysiologischen Orientierung« war die *Bewertung* des Vergleichs handlungsentscheidend: gleich – ähnlich – unterschiedlich. Das Prinzip, die Methode ist bei der – immer noch neurophysiologischen! – *sozialen Orientierung* gleich geblieben. Ununterbrochen, automatisch-unterbewusst gesteuert scannt mein Gehirn alles: alle Einzelheiten, Dinge, Prozesse und also auch Mitmenschen (das, womit sie daherkommen), in allen möglichen Vergleichen von deren Eigenschaften: mit Erinnertem, mit Gewünscht-Fantasiertem, mit früher Verglichenem, mit erlernten Bewertungsmaßstäben – weil Orientierung in der physischen und sozialen Welt anders nicht möglich ist. – Und schließlich werden die Ergebnisse der Vergleiche auch noch emotional bewertet, ebenfalls automatisch-unwillkürlich evolutionsbedingt; siehe ▶ Kapitel 11 – Das Vergleichen auf allen Ebenen der Wahrnehmung führt in der Summe zu einer Bewertung meiner oder anderer sozialer Situation im Spektrum zwischen »gerecht« und »ungerecht«.

Technikfolgenabschätzung. »Die Technik funktioniert.« Unsere elektromechanischen und chemischen Energiewandler erfüllen die wissenschaftlich erarbeiteten Prognosen *laufend.* Ihre globale massenhafte Verbreitung und Vermehrung im Laufe der letzten 250 Jahre hat ökologische, soziale und politische *Nebenwirkungen*, hat abträgliche Folgen für das natürliche Zusammenleben der Arten – auch der Menschengemeinschaft – auf der Erde, Folgen für das globale Ökosystem Erde, die lange Zeit *kein* Bestandteil der wissenschaftlichen Folgenabschätzung waren. Sondern ignoriert, geleugnet, verharmlost, vertuscht, vergraben, versenkt, verklappt oder in die Luft vergast wurden. Jetzt haben diese Folgen den Globus und *alle* Lebewesen darauf, unsere Zeitgenossen, eingeholt. Vielleicht haben die

Nebenwirkungen die Wirkungen schon überholt? Dominieren das Geschehen und treiben die Menschheit vor ihrem eigenen Erbe her?

Die *natürlich* globalen Folgen, die *destruktiven* Nebenwirkungen der gewünschten Wirkungen elektromechanischer und chemischer Energiewandler, waren von Beginn an und global offensichtlich. Nichtsdestotrotz verbreitete sich die Fantasievorstellung, eine optimierte, differenziertere, intelligentere und umfassendere, totalere, ja totalitäre Technik könne die unerwünschten Nebenwirkungen, die Folgefolgen, die Folgen der Folgenlosigkeit und die Folgen der Bereitstellung der Technik zum Besseren wenden: die **Fantasievorstellung vom technischen Fortschritt.** Dieser Fantasie zufolge vermag optimierte Technik die destruktiven Nebenwirkungen veralteter Technik nicht nur zu kompensieren, sondern sie ist sogar nebenwirkungsfrei besser.

Inzwischen zeichnet sich der Horizont ab, auf den der technische Fortschritt zuläuft: Wenn wir die Erde zerstört und ein Leben auf ihr unmöglich gemacht haben: a) wandern wir auf den Mars aus oder b) **simulieren wir Leben mithilfe von KI**: mit der ultimativ-optimalen Technik: mit der totalen Folgenabschätzung, die Millionen Jahre der Evolution überflüssig macht, werden *alle* Fehler des *natürlichen* Lebens gelöscht *und* unendlich viele *fiktive, technisch fantasierte* Varianten des Lebens sind im Angebot.

Für Option a wie für Option b hat die Evolution der letzten Millionen Jahre weder unsere Körper noch unsere Bewusstseine (mit den Fünf Dimensionen, die KI *nur simulieren* kann) auch nur ansatzweise ausgerüstet. Die Fantasie, eine in 30 oder 200 Jahren entwickelte Technik könne irgendetwas optimieren, das sich über 4 Mrd. Jahren entwickelt hat, ist ein Irrtum, größenwahnsinnig.[26] Folglich zeichnet sich ab, dass der »technische Fortschritt« der Gesamtheit des Lebens im globalen Ökosystem schadet: Die Vielfalt der Arten nimmt dramatisch ab.

> ■ Die Komplexitätsreduktion, die am Anfang jeder Technik und Wissenschaft steht, offenbart sich im Gefolge des technischen Fortschritts als dominierende Letztwirkung: als Verlust des Reichtums des Lebens auf der Erde. Kurz: Wo man Komplexitätsreduktion reinsteckt, kann man keine Vielfalt rausbekommen.

---

26 Der Fortschritt der Medizin ist dabei ein eigenes Thema.

Die Fortschrittsfantasie »Wenn die Technik erst besser wird, dann ...« basiert auf einem fundamentalen Irrtum. Einem Irrtum bezüglich der Stellung des Menschen in der Natur, in der Evolution des Lebens. Das zeigt sich einerseits im **Außen:** Blicken wir auf die letzten Jahrmillionen zurück, wird offensichtlich: *Evolution führt zu zunehmender Vielfalt,* immer wieder, auch nach Katastrophen, die das Leben auf der Erde beinahe vernichtet haben. Sie bringt immer und überall unendliche Einmaligkeit und einen unermesslichen Reichtum der unzähligen Individuen und Arten hervor, die die Erde bevölkert haben und bevölkern.

Die technischen und chemischen »Fortschritte« des Menschen führen objektiv zum Gegenteil: zu Monokulturen, Betonwüsten, identischen Massenprodukten, zu Artenverarmung und Biodiversitätsverlust, Verödung, Verwüstung, Vergiftung und Vermüllung, zum Selbstbild der Menschen als Arbeitsautomaten mit Hochleistungsideal und den psychischen und sozialen Folgen dieses Selbstbildes: für die Erfüller und die Versager. Politisch geht es um (totale) Dominanz und um (totale) Kontrolle – »Fortschritte« auf diesen beiden Gebieten sind angesichts des natürlichen Zusammenlebens von Lebewesen in Ökosystemen widernatürlich: Kein Vogel in der Luft, kein Fisch im Wasser und kein Landlebewesen ist dominant und kontrolliert irgendetwas.

Andererseits, beim Blick nach **innen,** auf die mentalen Voraussetzungen unseres Handelns, auf (mit den Worten Kants, sinngemäß) die Bedingungen der Möglichkeit unseres Begreifens und des Bewusstseins, zeigt sich: Das Bewusstsein ist ohnmächtig und allein: Keine Technik, keine Dominanz, keine Kontrolle kann das kompensieren. Sie können nur darüber hinwegtäuschen. Besonders gut, wenn die Dominanz und Kontrolle ermöglichende Energie- und Überwachungstechnik »fortschreitet«.

> ■ »Fortschritt« kann die elementaren natürlichen Grenzen des Bewusstwerdens nicht verschieben oder aufheben. Aber er erleichtert ihre Ignoranz.

Leere Fantasien. Mit Sprache, Sprachfantasie und mathematischer Fantasie wie auch mit der sinnennahen Fantasie entfernt sich der Fokus des Bewusstseins weg von der Wahrnehmung – hin zum Fantasieren, in Fantasiewelten.

Entfernt sich damit von der in Äonen gewachsenen und bewährten Wahrheit der Wahr-Rekonstruktion. Je mehr wir uns von der Gegenwärtigung des Moments entfernen, desto mehr drohen wir uns zu verlieren.[27] Drei Wege stehen offen, wenn ein Gehirn sein wahrheitsgetreu Rekonstruiertes beliebig und spielerische neu rekonstruieren und kombinieren kann:

- Die Dritte, die neue Rekonstruktion entwickelt *Prognosepotenz* und eröffnet *in der Tat* realisierbare Gestaltung der Zukunft. Oder eher theoretische Folgenabschätzung. Das heißt, die Dritte Rekonstruktion sagt Wahr-Rekonstruktionen der Zukunft zuverlässig vorher.
- Fantasie- und Sprachrekonstruktion *bereichern das Leben* als die neurophysiologische Grundlage aller Arten von Kunst und Kunsthandwerk. Dabei spielt keine Rolle, dass solche Dritten Rekonstruktionen – solche Fantasien – außerhalb ihrer selbst mit nichts übereinstimmen: dass sie *nicht wahr* sind.
- Die Fantasie- und Sprachkonstruktion (der Wahr-Rekonstruktion) stimmt mit nichts außerhalb ihrer selbst überein, behauptet aber genau das: In diesem Fall *lügt sie und macht falsche Versprechungen, Vorhersagen und Verträge* – die sich in keiner zukünftigen Wahrnehmung als wahr erweisen oder das aus logischen Gründen gar nicht können. Solche leeren Fantasien manifestieren den maximalen Abstand von der Wahrheit der Wahrnehmung, von der Sinnlichkeit des Augenblicks: dieser evidenten einzigen Wahrheit.

Komplexe Lügensysteme charakterisieren Verschwörungserzählungen, Nationalismus, Esoterik, Spiritualität und Religion. Die sind gekennzeichnet durch *leere Begriffe*, die außerhalb ihrer Buchstabenfolge mit nichts übereinstimmen: Weltelite, Herrenrasse, Volk, alles durchströmende Lebensenergie, Offensein für den Heiligen Geist, Schöpfergott, Unsterblichkeit, Jenseits von Raum und Zeit. Sie können nichtsdestotrotz real wohltuende oder heilende autosuggestive Effekte haben – werden aber auch zur Rechtfertigung von Abwertung, Destruktivität und Vernichtung benutzt.

---

27 Auf der Schulung der Achtsamkeit, des Im-Moment gegenwärtig Seins, beruhen Achtsamkeitstrainings.

Fokussiert jemand solche *Ideen*, so gelingt das nur, wenn reale, lebendige menschliche Gegenüber ausgeblendet werden. Oder noch schlimmer. – Diesen *reinen* Fantasien (rein im Sinne von frei von Realität) ist gemeinsam, dass lebendige Menschen, einzelne Menschengegenüber, nicht als das wahrgenommen werden, was sie von *Natur aus* sind: einmalige, einzigartige Lebewesen am aktuellen Ende einer 4 Mrd. Jahre währenden Evolution *mit allen Dimensionen von Bewusstsein*. Einzigartige und daher *unendlich wertvolle, selbst-bewusste* High-End-Produkte einer kaum begreiflichen Entwicklung.

Fantasievorstellungen vom Menschsein, die *mit nichts übereinstimmen*, können *sich* logischerweise nur *behaupten*, solange die sie erzeugenden Menschen sich von Empathie mit einem realen Gegenüber ebenso fernhalten wie von dessen Wertschätzung: Denn nur so lässt sich das Mit-nichts-Übereinstimmen vor der Realität bewahren. Deswegen eignen sich leere Fantasien und das zugehörige Instrumentarium leerer Begriffe (Volk, Gesetze Gottes, Gotteslästerung, Ungläubige, Nicht-Arier, Sinn des Lebens, Volksverräter, Hölle und Teufel) als Rechtfertigung jederart Destruktivität: Ihre originäre Nichtigkeit kann, wenn sie moralisch-politisch zum Maßstab erhoben werden, nur in die Vernichtung führen.

Leere Fantasien lassen sich unter anderem daran erkennen, dass sie von Empathie mit einem leibhaftigen Gegenüber nichts wissen wollen: Diese Fantasien sind empathieleer. Womit wir beim Thema des letzten Kapitels angelangt sind.

11 Empathie als Rekonstruktion von Emotionen eines anderen Lebewesens

> ■ Mit einer Emotion bewertet ein ZNS pauschal, automatisch-angeboren-unwillkürlich und ganz aus eigener Kraft seine aktuell wahrgenommene Situation.[28]

So löst die Wahr-Rekonstruktion etwa Angst oder Wut aus. Kein ZNS erzeugt diese Pauschalbewertungen, damit »ein Ich sie bewusst fühlt« – darum geht es überhaupt nicht, das ist ein zweckfreier Nebeneffekt. Im Unterschied zu Wahrnehmungen, bei denen es immer um etwas Begrenztes geht, füllen Emotionen ganz und gar aus: So wird die *Pauschalität* der zentralnervösen Bewertung *bewusst*:

> ■ Zentralnervensysteme bewerten die Wahr-Rekonstruktion, um den Körper pauschal, von Kopf bis Fuß, und bestmöglich auf seine Reaktion auf die wahrgenommene Situation vorzubereiten: etwa auf Flucht oder Angriff.

Die bewusst gefühlten Emotionen zeigen »unabsichtlich« an, dass der Körper sich gesamt-physiologisch auf etwas vorbereitet: Diese Vorbereitung kommt *natürlich* (und *natürlich nicht* »bewusst« beeinflussbar) auch ganzkörperlich zum Ausdruck: in Körperhaltung und -spannung, Hautfarbe, Pupillenweite, Atmung, Herzschlag, Geruch.

Diese nunmehr offenkundige Handlungsdisposition kann wiederum von einem Gegenüber sinnlich wahrgenommen werden, sie wird ja geradezu präsentiert. Und wird von Menschen (wie auch von Tieren) untereinander ununterbrochen wahrgenommen. Solche Wahrnehmungen der *Körpersprache* werden identifiziert und erlauben durch Vergleiche mit Erfahrungen des eigenen Organismus oder mit früher erlebtem Verhalten von Artgenossen einen Schluss auf den *emotional-physiologischen Zustand eines Gegenübers*. Wobei *natürlich* einem Beobachter weder der physiolo-

---

28 Wie außerdem auch fantasierte Situationen (aber das möchte ich hier nicht weiterverfolgen)

gische Zustand noch die davon ausgehend bewusstwerdende Emotion des Gegenübers *unmittelbar* bewusst werden.

In einer Gruppe, die gerade ein gemeinsames Ziel verfolgt (z. B. Jagd, Kinderhüten), ist die Kenntnis des emotional-physiologischen Zustands *untereinander*, die *soziale Orientierung, wie die einzelnen Kollegas gerade drauf sind, konkret: für was sich ihr Organismus gerade disponiert,* von entscheidender, ja lebenswichtiger Bedeutung.

> ■ Wegen seiner eminenten Aussagekraft wird der emotionale Zustand von Mitmenschen automatisch und unwillkürlich rekonstruiert: als Empathie.

Nicht etwa »isomorph und koinzident« (das geht überhaupt nicht, Gefühle sind ungestalt), sondern als *eigene* Emotion rekonstruiert – die allerdings als rekonstruierte Emotion von originär eigenen Emotionen unterscheidbar ist. Das empathische Gefühl nimmt gleichsam nicht so viel inneren Raum ein wie das originäre Eigene, das *»ganz* erfüllt«. Wir nennen diese rekonstruierte Emotion, vielleicht trifft statt »rekonstruiert« der Begriff »simuliert« besser –, die immer nur ein Entwurf ist, ein Vorschlag, mit dem ein ZNS auch falsch liegen kann (Fehlinterpretation der Körpersprache) – *Empathie.*

Selbstverständlich sind Säugetiere empathisch. Jeder Hundefreund weiß das und jeder, der den Umgang von Säugetieren mit ihrem Nachwuchs beobachtet.

Empathie rekonstruiert die Emotionen anderer Menschen. Mitfühlen, wir nennen es auch Nach-Empfinden oder Einfühlen, ist gleichsam das Schmiermittel jeder Kooperation. Es sorgt dafür, dass ich alle Emotionen, die meine eigenen Handlungen begleiten, mit den Emotionen, die meine Handlungen bei anderen hervorvorrufen und mir per Empathie bekannt werden, abgleichen und auf dieses Wechselspiel reagieren kann – und das gilt umgekehrt auch für die Initiativen der anderen. Die sich unwillkürlich und oft gegenseitig »im Einklang« einstellende Empathie[29] erleichtert das Gelingen jeder Art von Kooperation, fördert Umsicht, Rücksichtnahme und Unterstützung: Was du nicht willst, dass man dir tu, das füg auch keinem anderen zu.

---

29 Auch fehlender Einklang wird bemerkt und ist ein wichtiges Signal!

> ■ Ich kann mich ohne Empathie nicht sozial-kooperativ verhalten, nur un-
> sozial, ignorant, berechnend oder psychopathisch.

Ein Beispiel: Wie könnte sich mein Körper besser auf Kooperation vorbe-
reiten als dadurch, dass er sich gleichartig disponiert wie die anderen in der
Gruppe (was dann als kollektives Mit-Gefühl zu Bewusstsein kommt)?[30]

Anmerkung:

Das Fördern, Herausfordern und Einfordern von Empathie – und ihr *gemein-*
samer Genuss – gehört zur Kindererziehung und sollte im Schulunterricht eine
zentrale Rolle spielen, indem Empathie thematisiert, trainiert und wertge-
schätzt wird.

Ausblick

Beim Kontakt unter Menschen über soziale Medien im Internet kann sich
Empathie mangels *ganzheitlicher* Wahrnehmung von Körpersprache kaum
feinfühlig entwickeln und mit dem (womöglich gesichtslosen und nur sprachlich
präsenten) Gegenüber mitgehen oder »mitschwingen«. Daher bleiben Emotionen und ihre Rekonstruktion, die Empathie, im Netz oft auf zwei Extreme
beschränkt, die sich auch rein sprachlich leichthin vermitteln lassen:

• Geborgenheitsgefühl in der Gesinnungsgenossenschaft, anders gesagt:
  höchst empathische Solidarität des Dazugehörens und der Einigkeit, sowie

• empathiefreier, vernichtender Hass auf die, die nicht dazugehören und aus-
  gegrenzt werden.

Beides in der Blase.

Empathie überbrückt das existenzielle Alleinsein der Bewusstseine wohl
am *lebhaftesten*. Und kann ganz und gar mit der Gewissheit erfüllen, nicht
allein allein zu sein (vgl. ► Abschn. 6.5).

---

30 Selbst *gespielte* Empathie befördert die Kooperation. Das kann etwa ein Effekt von Höflichkeit
sein.